Shahram Baikpour

Diapirismo de sal de Garmsar

Shahram Baikpour

Diapirismo de sal de Garmsar

ScienciaScripts

Imprint
Any brand names and product names mentioned in this book are subject to trademark, brand or patent protection and are trademarks or registered trademarks of their respective holders. The use of brand names, product names, common names, trade names, product descriptions etc. even without a particular marking in this work is in no way to be construed to mean that such names may be regarded as unrestricted in respect of trademark and brand protection legislation and could thus be used by anyone.

Cover image: www.ingimage.com

This book is a translation from the original published under ISBN 978-3-659-88802-1.

Publisher:
Sciencia Scripts
is a trademark of
Dodo Books Indian Ocean Ltd. and OmniScriptum S.R.L publishing group

120 High Road, East Finchley, London, N2 9ED, United Kingdom
Str. Armeneasca 28/1, office 1, Chisinau MD-2012, Republic of Moldova, Europe
Managing Directors: Ieva Konstantinova, Victoria Ursu
info@omniscriptum.com

Printed at: see last page
ISBN: 978-620-8-55862-8

Este texto é dedicado aos meus pais

&

Para quem. Eu tenho

ÍNDICE

RESUMO

As montanhas de Alborz formam uma cadeia montanhosa de ~ 100 km de largura, com tendência E-W, onde os cumes individuais atingem 5000 m de altitude. A cordilheira de Alborz faz parte do orógeno alpino e abrange uma área de 2000 km de largura a sul do Mar Cáspio.

As rochas das montanhas de Alborz consistem em sedimentos neogénicos, que são afectados por dobras e falhas. Na parte ocidental das montanhas de Alborz, as dobras e falhas têm uma tendência NW-SE, enquanto na parte oriental têm uma tendência NE-SW. Os dados de GPS confirmam o encurtamento N-S, incluindo a deslizamento dextral ao longo de falhas de tendência ESE-WNW e deslizamento sinistral ao longo de falhas de tendência ENE-WSW.

A presente tese incide sobre o nappe salino ativo de Garmsar, cuja cobertura fragmentada é perfurada por sal-gema que extrudiu perto da frente da cadeia montanhosa de Alborz. Durante os últimos 5 m.a., a frente da cadeia de Alborz migrou para SSW sobre o sal da bacia de Garmsar. O sal foi espremido em direção a SSW e teve lugar no Grande Kavir.

O sal extrudido está a formar o planalto de Eyvanekey entre as cidades de Eyvanekey e Garmsar. Tanto o nappe salino de Garmsar como o planalto de Eyvanekey estão deslocados dextralmente durante ca. 9 km ao longo da falha Zirab-Garmsar.

As análises estruturais do nappe salino de Garmsar indicam três grupos diferentes de juntas que têm uma tendência perpendicular e paralela à anisotropia mecânica local. As dobras da área de estudo são congruentes (tipo 2 e 3 segundo Ramsay) resultantes de um fluxo viscoso não homogéneo.

As investigações InSAR sugerem que as montanhas de Alborz estão a ser elevadas em cerca de 1 cm/a, enquanto o encurtamento horizontal está ativo a uma taxa de 8 ±2 mm/a. Estes valores são coerentes com os dados do GPS. Com base em nove cenários "Advanced Synthetic Aperture Radar" (ASAR), produzidos pelo satélite ENVISAT da agência espacial europeia entre 2003 e 2006, utilizámos interferogramas para mapear a deslocação através de 22 incrementos durante 2 a 18 meses. Os resultados sugerem que a altura topográfica da superfície do sal está a mudar a uma taxa que é controlada pela estação do ano. A deslocação varia entre uma subsidência de -40 a -50 mm/a e uma elevação de 20 mm/a. Para investigar a deformação dependente do tempo com uma resolução espacial elevada, utilizámos algoritmos baseados em dados de pequenas linhas de base (SBAS). As análises de séries temporais de SAR interferométricas resultantes também sugerem que a área de estudo está a decair em grande parte a uma taxa que é controlada pelas estações.

O mapa com a média das velocidades de deformação LOS, por outro lado, sugere que a subsidência aumenta a partir da parte superior do nappe salino em direção aos níveis topográficos mais profundos das terras baixas agrícolas. A maior parte da subsidência é provavelmente causada pela precipitação anual, que resulta na subrosão do sal. As alterações espaciais na taxa de subsidência são provavelmente controladas pela distribuição das fontes, pela atividade mineira na margem do glaciar de sal e pelas falhas e fracturas no interior do sal.

As marcas sazonais marcantes são evidentes ao longo das zonas agrícolas que rodeiam o nappe salino de Garmsar. Estas zonas sofrem um rápido abatimento no verão e na primavera, quando as águas subterrâneas são utilizadas para irrigação. A taxa máxima de subsidência (40-50 mm/a) está localizada a E e W do planalto de Eyvanekey, onde grandes áreas são irrigadas. A deslocação máxima é de 20 mm/a nas terras agrícolas e de 5 mm/a no centro do nappe salino.

As estimativas de profundidade utilizando o método de deconvolução de Euler para os dados gravimétricos e magnéticos sugerem que o sal extrude a partir de uma profundidade inferior a cerca de 2000 m. O campo gravitacional da área de estudo é caracterizado por fortes anomalias no SW e fracas anomalias no NE. Uma anomalia negativa considerável no N indica que a parte norte se afundou, enquanto a parte sul foi levantada.

Os dados sísmicos mostram três horizontes principais dentro dos sedimentos do Mioceno: a Formação Vermelha Inferior, a Formação Qom e a Formação Vermelha Superior. A parte ocidental da área de estudo parece estar livre de domos salinos. As camadas da parte superior da Formação Qom mostram um afinamento ao longo das falhas de tendência NE e NW. Em algumas áreas, os reflectores sísmicos indicam falhas íngremes perto da sela das dobras. Predominam as falhas de tendência NE-SW-, NW-SE e E-W-.

Foram efectuadas experiências análogas para alargar os nossos conhecimentos sobre a evolução da cúpula salina de Garmsar. Utilizámos um modelo à escala (34 cm * 25 cm * 2,5 cm) que foi encurtado perpendicularmente ao seu lado mais comprido. A forma de cunha das montanhas de Alborz foi simulada por uma cunha constituída por esferovite. O sal-gema foi simulado com polidimetilsiloxano (PDMS), um material viscoso linear com uma viscosidade de $2{,}3*10^4$ Pa s e uma densidade de 0,96 g/cm^3 à temperatura ambiente. Outros sedimentos foram modelados utilizando areia de quartzo seca. Os resultados experimentais podem ser utilizados para simular a evolução estrutural da área de estudo: A frente de deformação de Alborz foi colocada no topo das rochas salinas na área de Garmsar enquanto migrava para SSW. Uma bacia salina e uma extrusão de sal também foram produzidas no modelo. As secções transversais através do modelo análogo em forma de cunha indicam falhas inversas com inclinação N e S, que estão de acordo com a forma de cunha da cadeia de Alborz. Além disso, as falhas de deslizamento sinistral com tendência ENE-WSW e as falhas de deslizamento dextral com tendência ESE-WNW conduziram a um encurtamento N-S durante o Miocénico. Os horizontes de marcação estrutural, que se transformaram em dobras em Z nos membros da dobra ocidental e em dobras em S nos membros da dobra oriental, são comparáveis às dobras da área de estudo.

A resolução do problema dos resíduos é uma das tarefas centrais da proteção do ambiente. É cada vez mais difícil encontrar locais adequados que sejam aceitáveis para o público. O sal e as formações salinas têm propriedades relevantes para serem utilizados como depósito para cada tipo de resíduos. As propriedades favoráveis tornam o sal-gema altamente adequado como rocha hospedeira, em particular para resíduos não radioactivos e radioactivos.

As bacias de Qom e Garmsar são os diápiros de sal mais próximos da província de Teerão, e existem depósitos adequados para a eliminação de resíduos.

Com base em dados de superfície e subsuperfície, o diápiro salino de Garmsar foi investigado como um caso exemplar da sua adequação como hospedeiro e depósito de vários tipos de resíduos. Os dados utilizados baseiam-se em estudos de campo, interferometria e investigações geofísicas.

Os resultados deste estudo sugerem que o sal em camadas profundas da bacia salina de Garmsar é um local adequado para a deposição de resíduos industriais. O sal-gema das camadas superficiais ou dos domos, por outro lado, não é considerado um candidato adequado para a eliminação de resíduos.

AGRADECIMENTOS

O autor gostaria de exprimir a sua sincera gratidão ao Prof. Gernold Zulauf pela sua supervisão, encorajamento, orientação e inspiração durante o curso desta investigação. Georg Kleinschmidt, o meu segundo orientador, é também muito reconhecido. Obrigado pela sua ajuda e amabilidade.

Gostaria também de expressar os meus sinceros agradecimentos ao Dr. Carlo Dietl pelos seus conselhos e encorajamento. Gostaria de expressar os meus sinceros agradecimentos e apreço pelos contributos úteis dos seguintes profissionais durante este estudo: Dr. Abbas Bahroudi, Dr. Maryam Dehghani. Gostaria também de agradecer ao pessoal da Geomática do Serviço Geológico do Irão, especialmente a Arash Sebti e Hassan Kheirolahi pela sua contribuição geofísica, ao Dr. Fariborz Gharib, Davoud Refahi, Ali Kiani, Ali Hosseinmardi e Mahasa Rousta. Um agradecimento especial a Pedram Aftabi pela sua liderança no trabalho de campo e a Mark Peinl, que sempre teve tempo para explicar e resolver os meus problemas.

Agradece-se ao Grupo de Geofísica (National Iranian Oil Company) pelas suas contribuições, em particular ao Dr. Iraj Abdolahi Fard, Gholamreza Peyrovian e Rahman Javaherian.

Christopher J. Talbot por ter organizado os meus trabalhos e por me ter dado a possibilidade de trabalhar facilmente. Quero exprimir a minha profunda gratidão a Justin Parker, pela edição e preparação da tese.

Gostaria de expressar os meus mais profundos agradecimentos aos meus pais e aos membros da minha família no Irão, que me apoiaram continuamente ao longo deste estudo e, na verdade, durante toda a minha vida.

Este estudo não teria sido concluído sem o apoio e o encorajamento de todos os meus amigos iranianos e alemães da Universidade de Frankfurt (Susanne Fondacaro, Annette Schlapp, M. Ghobadi, David Storz, Michael Seitz, Stefanie Lode, Michael Doblier, Gutier Nejikak, Thomas klein, bem como dos meus amigos iranianos e alemães e das suas famílias em Frankfurt (Aref & Sara, Reza Ghodsi, Manouchehr & Maryam Danesh, A. Mohamadi, Sara & Mehrdad).

Gostaria de agradecer à Agência Espacial Europeia pelo fornecimento dos dados ENVISAT, ao Serviço Geológico do Irão pelo fornecimento do hardware e software e pelo apoio logístico à preparação e análise dos dados. Beneficiei também grandemente da National Iranian Oil Company, que forneceu dados geofísicos, a quem agradeço especialmente.

Gostaria de reconhecer com sincero apreço o apoio financeiro do DAAD (durante 6 meses) e do Carl Deuisburg Centeren. Também beneficiei muito com a Semnan Regional Water Company, que me forneceu as localizações dos poços.

Capítulo 1. Introdução

O nappe salino de Garmsar é um dos principais constituintes das montanhas de Alborz, no norte do Irão.

O principal objetivo desta tese é determinar se o nappe salino de Garmsar ainda está ativo e se o sal ainda está a ser extrudido na frente da montanha de Alborz. É provável que alguns diápiros de sal na frente do maciço de Alborz tenham alimentado o nappe salino de Garmsar e ainda estejam activos. O mesmo poderá acontecer com os diápiros situados atrás da frente. Os dados actuais são ambíguos e não é claro se o sal que extrudiu para a superfície está a expandir-se ou a diminuir devido a alterações sazonais.

De um ponto de vista económico, a área de estudo foi recentemente investigada por muitos mineiros e descobertas. No entanto, existe ainda um potencial significativo por explorar, por exemplo, a utilização da bacia salina de Garmsar como depósito para diferentes tipos de resíduos.

Existem muitas ambiguidades relativamente à estratigrafia e à estrutura. Distinguiram-se diferentes tendências estruturais na área, desconhecendo-se a sua prioridade e relação entre si e com o nappe salino. A presente tese tenta descrever os elementos estruturais com base em investigações de campo, interferometria e geofísica. O objetivo é conhecer a origem e a profundidade do sal a utilizar para a eliminação de resíduos no futuro.

O InSAR utiliza as diferenças de fase entre duas imagens SAR da mesma área adquiridas em momentos diferentes para mapear o deslocamento da superfície na linha de visão (LOS) do satélite. Os dados para este estudo InSAR da área de Garmsar foram recolhidos pelo Satélite Ambiental (ENVISAT) da Agência Espacial Europeia (ESA), que fez imagens da área entre agosto de 2003 e fevereiro de 2006.

A compreensão do padrão de distribuição das falhas dominantes e das rochas ígneas no topo do subsolo, estudando a profundidade e o relevo das principais interfaces de densidade, tem sido condicionada por análises geofísicas.

Os modelos análogos têm sido utilizados como uma estrutura de pequena escala para desvendar a cinemática da tectónica de grande escala.

Os objectivos mais pormenorizados do presente estudo são:

1) determinar a geometria das estruturas sob o nappe salino e outras unidades com base em dados geofísicos, estes últimos obtidos pela National Iranian Oil Company;

2) para compreender o efeito de diferentes parâmetros de deformação da superfície do glaciar salgado com base na Interferometria SAR (InSAR);

3) utilizar a modelação análoga como método experimental para condicionar a geometria, as dimensões e a evolução do diapir salino de Garmsar. Este último deve ser integrado em reconstruções tectónicas em grande escala e em modelos de inversão. Uma vez que a técnica experimental pode ser utilizada para obter soluções para problemas tridimensionais, pode oferecer novos conhecimentos inestimáveis sobre problemas geológicos, que são intrinsecamente tridimensionais e envolvem frequentemente grandes quantidades de tensão;

4) para perceber a relação entre as estruturas superficiais e sub-superficiais na área de estudo.

5) para verificar se os resíduos perigosos podem ser depositados na bacia salina de Garmsar.

Os resultados mais importantes da presente tese de doutoramento já foram publicados em revistas internacionais ou foram submetidos para publicação em revistas internacionais. Nas secções seguintes é apresentado um resumo do conteúdo dessas publicações.

Os quatro documentos seguintes são anexados ao presente resumo e apoiam a tese:

- Baikpour, S., Zulauf, G., Dehghani, M. & Bahroudi, A., 2010. Mapas InSAR e observações de séries temporais de deslocamentos superficiais de sal-gema extrudido perto de Garmsar, norte do Irão, *Journal of the Geological Society, London,* 167, 171181.

- Baikpour, S., Talbot, C.J., 2010. The Garmsar salt nappe and seasonal inversions of surrounding faults imaged on SAR Interferograms, Northern Iran. *Geological Society, Londres, Publicações especiais (no prelo).*

- Shahram Baikpour, Gernold Zulauf, Arash Sebti, Hassan Kheirolahi e Carlo Dietl, 2010. Modelação análoga e geofísica do maciço salino de Garmsar, Irão: limitações à evolução das montanhas de Alborz. *Geophysical Journal International, Reino Unido, Volume 182, Número 2, PP 599-612.*

- Shahram Baikpour, Gernold Zulauf, Iraj Abdolahifard, 2010, Hazardous waste disposal in Iran: Results from a pre-site study of the Garmsar Salt basin. Manuscrito submetido a: *Journal of Sciences, República Islâmica do Irão.*

Capítulo 2. Geologia Regional

As montanhas de Alborz representam uma cintura orogénica composta que resulta do encurtamento oblíquo da crosta entre o Irão central e a Eurásia. Durante os últimos 5 ±2 m.a., este encurtamento oblíquo está dividido em faixas paralelas, deslizamento sinistral e empuxo, este último com planos de empuxo mergulhando para dentro a partir das margens da faixa *(Allen et al., 2003; Ritz et al., 2006*).

O padrão cinemático das montanhas de Alborz é afetado por sedimentos neogénicos salinos que sofreram encurtamento e elevação durante o Cenozoico *(Alavi, 1996).*

Ao contrário da maioria das extrusões de sal iranianas, que provavelmente se espalharam por gravidade durante dezenas ou centenas de milénios a partir de diápiros que atingiram a superfície ao longo de falhas *(Talbot et al., 2000),* o lençol de sal subjacente ao Planalto de Eyvanekey difere por ter sido espremido até à superfície, enquanto a parte frontal das Montanhas Alborz avançava para sul sobre a bacia de Garmsar. Algum sal pode permanecer no local sob a frente de deformação das Montanhas Alborz e o seu anteparo e vários pequenos diápiros extrudem ao longo de falhas no sopé das colinas *(Safaei, 2001).* Várias extrusões de sal nas colinas a norte de Garmsar marcam o local onde a frente de deformação de Alborz é deslocada cerca de 9 km pela falha transtensional de Zirab-Garmsar, com 130 km de comprimento e tendência SW-NE.

A bacia de Garmsar faz parte de uma série de bacias situadas na parte anterior das montanhas de Alborz, formando um embaiamento na periferia norte do Grande Kavir, do qual está separada pelo Kuh-e-Gachab e pela ondulação de Dulasian. Os estratos cenozóicos mais antigos da região são sedimentos marinhos do Eoceno associados a rochas vulcânicas que assentam de forma inconformada sobre estratos mesozóicos dobrados. A idade da sequência evaporítica não é clara devido à falta de fósseis. No entanto, as semelhanças litológicas com as rochas de Qom Kuh e com os diapiros do Grande Kavir *(Jackson et al., 1990)* sugerem que as rochas de Garmsar incluem evaporitos de idade tanto do Eocénico superior como do Oligocénico.

A parte superior da sequência oligocénica, a Formação Vermelha Inferior, é constituída por gyprock, xisto arenoso e alguns vulcânicos. Uma sequência semelhante, designada por Formação Vermelha Superior, foi depositada no Miocénico. Entre a Formação Vermelha Inferior e a Formação Vermelha Superior existe uma sequência de calcário, marga, xisto e arenito, denominada Formação Qom. A idade desta última é do Oligoceno superior ao Mioceno inferior.

Capítulo 3. Métodos

3.1. Investigações no terreno

Foram efectuadas investigações de campo para mapear e medir os principais elementos estruturais, tais como camadas, eixos de dobras, falhas e juntas. As análises das estruturas geológicas ajudam a interpretar as condições de deformação das rochas salinas na área de estudo.

O trabalho de campo teve início a 25 de junho de 2007 e terminou a 5 de julho de 2007. O trabalho incluiu caminhadas na superfície da salina nas direcções S e N da área de estudo, e a procura de afloramentos para obter algumas estruturas para medir e tirar fotografias. Os afloramentos na rocha salina e na capa salina não foram suficientes para as investigações seguintes. No total, 48 estações foram visitadas durante 10 dias e em todos os casos medimos os elementos estruturais nos afloramentos para a interpretação seguinte. As juntas e fracturas foram medidas em todas as estações, mas os traços das falhas principais não foram suficientes. Provavelmente as falhas na área de estudo são falhas cegas e cobertas por sedimentos.

Também nos concentrámos em dobras e boudins para perceber as direcções de tensão e deformação. Embora os dados adquiridos não sejam suficientes para as próximas interpretações, devido à falta de afloramentos no nappe salino e às propriedades dúcteis do sal, utilizámos os dados adquiridos e os elementos estruturais para processar pelo software RockWork 2006 (fornecido pelo Serviço Geológico do Irão).

3.2. Interferometria

As análises interferométricas de imagens SAR tornaram-se uma técnica generalizada e valiosa para medir deslocações subtis da superfície do solo *(Massonnet e Feigl, 1998)*. Quando duas cenas de radar são feitas em momentos diferentes a partir do mesmo ângulo de visão, uma pequena mudança na posição do alvo (superfície do solo) pode criar uma mudança detetável na fase dos sinais retrodifundidos. A diferença de fase resultante é expressa num mapa de interferências (interferograma), cujo padrão de franjas resultante reflecte a deslocação do solo que ocorreu entre as duas aquisições, sendo o produto referido como um "interferograma de alteração". Em vez de utilizar os dados primários para gerar o nosso próprio DEM, utilizámos o DEM fornecido pela Shuttle Radar Topography Mission (SRTM) com uma resolução espacial de 90 m.

No caso do satélite ENVISAT SAR, cada franja ou ciclo de cor num interferograma de mudança corresponde a um contorno cartográfico de deslocamento equivalente a metade do comprimento de onda do radar. O ângulo médio de incidência deste satélite é de 23°. Assim, no caso de um movimento puramente vertical, um ciclo de franjas representa 31 mm de deslocação.

A mudança de fase no interferograma é o composto da informação topográfica, φ_{topo}, e do deslocamento da superfície, entre as duas aquisições, φ_{disp}, do atraso atmosférico, φ_{delay}, e do ruído, φ_{noise}. A geração bem sucedida do InSAR requer a remoção da contribuição da fase topográfica e de modo a isolar a componente de deslocamento do solo. O φ_{topo} pode ser simulado e eliminado através da introdução de informação do DEM.

$$\varphi = \varphi_{topo} + \varphi_{disp} + \varphi_{delay} + \varphi_{noise}$$

A componente atmosférica, φ_{atraso}, deve-se principalmente às flutuações do teor de água na atmosfera entre o satélite e o solo. O atraso atmosférico pode ser identificado utilizando o facto de a estrutura da franja ser independente ao longo de vários interferogramas; em alternativa, pode ser modelado utilizando dados de uma rede GPS. Também é possível reduzir a perturbação atmosférica ao termo da fase de deslocamento, utilizando a "técnica de empilhamento de interferogramas". O efeito atmosférico pode ser estimado traçando o gráfico da fase contra a altura para cada pixel; é forte se houver uma boa correlação entre a altura e a fase. Os mapas que apresentam a velocidade média de deslocação foram produzidos utilizando o software MATLAB.

3.3. Geofísica

Aplicámos dados geofísicos (gravidade e magnéticos) processados para as próximas interpretações. Estes dados foram recolhidos pela National Iranian Oil Company. A sua carga de trabalho foi de ~ 4674 km^2 e um total de 13270 estações G/M foram adquiridas. Foram desenvolvidos muitos métodos de análise para processar dados magnéticos e/ou gravimétricos em bruto; utilizámos estes dados processados com o software Geosoft (fornecido pelo Serviço Geológico do Irão) para estimar a profundidade da bacia salina de Garmsar.

A deconvolução de Euler é um método comum e aprovado na interpretação magnética e gravitacional em todo o mundo. O software Geosoft utiliza a mesma estratégia para a solução e fornece os resultados como uma base de dados incluindo x, y, z (profundidade), e o erro de cálculos como dx, dy, dz. Geralmente, as profundidades são calculadas para limites de fontes magnéticas ou gravitacionais. Por conseguinte, após este cálculo geofísico, utilizámo-los para a interpretação geológica e estrutural.

3.4. Modelação analógica

Utilizámos o polidimetilsiloxano (PDMS) para modelar as camadas dúcteis dos depósitos de evaporitos na região. O PDMS puro é um fluido viscoso newtoniano transparente com uma viscosidade de 2,3x10^4 Pa/s e uma densidade de 0,964 g/cm^3 a uma temperatura de 20°C. Foi utilizada areia de quartzo seca com um tamanho de grão de 0,5 mm para simular rochas sedimentares frágeis. A areia tem uma coesão negligenciável, um ângulo de atrito interno de cerca de 30° e uma densidade de cerca de 1,44 g/cm^3. A areia é um bom análogo para a maioria das rochas sedimentares da crosta continental superior, que obedecem ao comportamento de Mohr-Coulomb *(Byerlee, 1978; Weijermars et al., 1997).*

Neste estudo, uma sobrecarga sedimentar frágil de espessura variável lateralmente assenta no topo de uma camada salina viscosa relativamente fraca; por conseguinte, utilizámos polidimetilsiloxano (PDMS) limpo para modelar as camadas dúcteis de evaporito na região.

As dimensões do modelo são 34 x 25 x 2,5 cm. Foi encurtado de uma extremidade perpendicularmente à largura. O chevron geral ou a forma em V da Cordilheira de Alborz num mapa foi inicialmente simulado através da moldagem de uma placa em forma de V em esferovite. Os membros da chevron tinham 20 cm de comprimento e a charneira começava com 13 cm de largura, a asa ocidental tinha 13 cm de largura e o membro oriental tinha 12 cm de largura.

A areia seca foi depositada a uma profundidade de 2,5 cm à volta do chevron de esferovite e depois removida. No buraco deixado pela esferovite, foram depositadas areias de cores diferentes para simular a estratigrafia da Cordilheira de Alborz.

Para modelar a evolução de um lençol de sal em frente ao avanço das montanhas de Alborz, foi colocada uma pequena camada triangular (1 x 1 x 0,5 cm) de PDMS, abaixo do vértice do 'V'. Este triângulo de camada de PDMS foi coberto por areia.

O modelo em forma de chevron preparado foi colocado no aparelho termomecânico concebido e construído no Departamento de Ciências da Terra da Universidade de Frankfurt e comprimido entre duas placas móveis. As duas placas [x] e [y] foram acionadas por dois parafusos horizontais acionados por um motor de passo.

O modelo foi sujeito a um encurtamento de 25 % a uma taxa de 1 mm/hora durante 30 horas. Em seguida, foi cortado como indicado no diagrama de blocos. A escala geométrica da nossa experiência foi escolhida de modo a que 1 cm na experiência represente 10 km na natureza e 1 hora experimental represente cerca de 1my na natureza. A velocidade de convergência de 1 mm/h foi escalada para representar a velocidade de convergência Arábia-Eurásia, que corresponde a cerca de 2 cm/ano na natureza.

Capítulo 4. Resultados

4.1. Mapas InSAR e observações de séries temporais de deslocações de superfície.

O presente estudo demonstra a capacidade da Interferometria SAR (InSAR) para monitorizar deslocações da superfície do solo a uma escala regional. Para o InSAR, os dados obtidos a partir das extrusões de sal a N e W de Garmsar foram recolhidos pelo Satélite Ambiental (ENVISAT) da Agência Espacial Europeia (ESA), que fez imagens da área entre dezembro de 2003 e junho de 2005. Analisámos nove imagens AS AR (Advanced Synthetic Aperture Radar) que abrangem estes 18 meses para caraterizar os deslocamentos da superfície da área. Posteriormente, utilizámos 22 interferogramas para análises mais detalhadas da deformação em intervalos de tempo distintos e, finalmente, utilizámos dados de séries temporais para calcular as taxas de deformação da superfície LOS de localidades representativas de diferentes unidades geológicas.

A taxa de deslocação da superfície em toda a região varia entre uma subsidência de -40 a -50 mm/ano e uma elevação de 20 mm/ano. Os efeitos sazonais mais evidentes são o facto de as terras agrícolas em torno do planalto de Eyvanekey baixarem rapidamente na primavera e no verão, quando são irrigadas pela extração de águas subterrâneas que não são reabastecidas ao mesmo ritmo. A superfície do planalto de Eyvanekey desce no início de cada ano e depois recupera durante o resto do ano. Atribuímos este comportamento à descida do nível freático devido à extração de água subterrânea para irrigação.

A taxa de elevação é mais rápida na parte sul do planalto de Eyvanekey do que nas zonas mais setentrionais, enquanto as margens íngremes do planalto de Eyvanekey diminuem rapidamente. A subsidência aumenta localmente ao longo de falhas sismicamente activas nas planícies que se pensa controlarem o fluxo de fluidos na região. Esta migração de fluidos é compatível com a diminuição do volume fraccionado dos materiais ao longo da falha e com a subsidência ao longo do seu traço superficial. As nossas análises de séries temporais indicam uma subsidência lenta em toda a área com efeitos sazonais menores.

As taxas máximas de subsidência (40-50 mm/ano) ocorrem a E e W do planalto de Eyvanekey, onde as terras agrícolas são irrigadas na primavera e no verão por poços que extraem águas subterrâneas pouco profundas. De 2003 a 2006, registou-se um aumento constante da taxa de subsidência nas terras agrícolas (fora do planalto salino).

Os mapas InSAR, como o do presente estudo, devem ajudar nessa gestão, distinguindo as áreas onde as taxas actuais de bombagem de água subterrânea excedem as taxas de recarga natural daquelas onde a mesma densidade de poços parece ser sustentável.

4.2. *A Napa Salina de Garmsar e inversões sazonais de falhas circundantes em Interferogramas SAR*

O sal cenozóico alóctone do nappe salino de Garmsar foi extrudido a partir do ponto mais a sul da frente das montanhas de Alborz, deslocado pela falha de deslizamento de Zirab-Garmsar. Utilizámos onze imagens descendentes de Radar de Abertura Sintética Avançado (SAR), produzidas pelo Satélite Ambiental (ENVISAT) da Agência Espacial Europeia (ESA) de 2003 a 2006, para cartografar a deslocação da superfície em 23 incrementos que variam no tempo entre 30 e 2 meses.

Um interferograma SAR de 30 meses da área mostra que as dobras e falhas regionais estão activas bem a S da frente da montanha, mas são amortecidas pelo sal alóctone que, de outra forma, está apenas a degradar-se a taxas que variam com a estação. Os interferogramas para épocas mais curtas mostram diferentes padrões de blocos de falhas nas rochas do campo que sobem e descem com as estações. Ao relacionar os deslocamentos de superfície mapeados nestes interferogramas com o registo sísmico contemporâneo, descobrimos que as falhas sísmicas reagem repetidamente enquanto a sua cinemática se inverte em escalas de tempo notavelmente curtas. As perturbações sísmicas propagam-se muito lentamente e as falhas são mais longas do que o esperado para sismos com ML<3.5, indicando que as deformações regionais são mais assísmicas do que o previsto por estudos anteriores.

4.3. *Modelação análoga e geofísica da Nappe Salina de Garmsar*

Para obter mais informações sobre a evolução da Nappe Salina de Garmsar, foi efectuada uma modelação analógica utilizando PDMS como análogo do sal e areia como análogo da sobrecarga frágil. As estruturas produzidas consistem em dobras e empuxos que se formaram enquanto o análogo de sal PDMS estava a subir. Os resultados da modelação são compatíveis com a nossa interpretação de que a frente de deformação das montanhas de Alborz avançou para SSW ao sobrepor-se a uma sequência de sal na zona de Garmsar.

O modelo análogo à escala centrou-se na extrusão de sal sob a frente de deformação em avanço das montanhas de Alborz. A modelação produziu dobras e impulsos que podem ser correlacionados com o inventário estrutural da Cordilheira de Alborz. A cinemática recente do Alborz é controlada pelo encurtamento N-S entre a Arábia e a Eurásia e pelo movimento para oeste do domínio do Sul do Cáspio em relação ao Irão. O encurtamento N-S é compatível com o deslizamento dextral ao longo das falhas de tendência NW do Alborz ocidental e com o deslizamento sinistral ao longo das falhas de tendência NE do Alborz oriental. Um sistema de deslizamento equivalente estava também ativo no modelo análogo, particularmente na interface entre o cone rígido de esferovite e o modelo PDMS/areia. As secções dos membros deformados das chevrons nos modelos análogos revelaram falhas inversas e impulsos com inclinação N e S, que podem corresponder a dobras e falhas do Alborz ocidental. As falhas inversas orientadas para norte, formadas no S do modelo, também foram encontradas na parte SW da Cordilheira de Alborz, como a falha do Norte de Teerão. Além disso, as falhas inversas íngremes do modelo são comparáveis à falha de Firouzkuh na parte SE da cordilheira de Alborz.

O modelo análogo também mostra duas falhas paralelas na parte norte, que podem estar relacionadas com a falha de Alborz Norte e a falha de Khazar, ambas localizadas na parte norte da cordilheira de Alborz e na parte sul da bacia do Cáspio. O nosso modelo mostrou uma pequena quantidade de PDMS extrudido, que se correlaciona com o sal-gema que extrudiu no cone da Cordilheira de Alborz em forma de cunha. Na natureza, o sal avançou para SSW e extrudiu-se para o topo do planalto, formando o nappe salino de Garmsar. A extrusão de sal nas colinas a norte de Garmsar é controlada por falhas, uma vez que a frente de deformação de Alborz está deslocada cerca de 9 km ao longo da falha de deslizamento de 130 km de comprimento, com tendência SW-NE, de Zirab-Garmsar.

Os dados de gravidade Bouguer na área de estudo mostram fortes anomalias no SW e fracas anomalias no NE. Existem dois pontos altos nas anomalias de gravidade Bouguer correspondentes ao limite sul da área de trabalho, um dos quais é relativamente forte. A anomalia mais forte está situada mais a sul da área de trabalho. Os valores das anomalias são inferiores aos da cintura de anomalias fracas a norte, formando vários baixos de gravidade locais.

Existem anomalias negativas no N e NE da área de estudo. Várias anomalias positivas locais ocorrem sobre anomalias relativamente altas em direção a S do manto de sal de Garmsar, que estão relacionadas com a convergência de uma série de rochas vulcânicas com tendência para SW. Anomalias relativamente baixas na ponta aberta do manto de sal e uma vasta anomalia a E do manto de sal e a N da cidade de Garmsar indicam uma zona de anomalias negativas.

Na área de estudo, as anomalias magnéticas estão divididas em três zonas, estas últimas com tendências E, SW e S, respetivamente. Uma anomalia magnética positiva no S pode ser dividida em duas subzonas com tendências S e W. Uma anomalia magnética negativa é apresentada no N da área de estudo. Uma zona de anomalia magnética fracamente positiva situa-se a SE.

A variação dos dados magnéticos é sobretudo um reflexo das rochas vulcânicas, um reflexo sintético da profundidade e da composição do soterramento. A anomalia negativa no N da área de estudo representa uma grande depressão com segmentos sedimentares espessos e os seus bordos tornam-se gradualmente pouco profundos. Após a extração das anomalias magnéticas residuais e a análise dos corpos geológicos causadores da anomalia magnética, conclui-se que a anomalia magnética residual local com um forte valor positivo é uma resposta de rochas vulcânicas.

As estimativas de profundidade usando os campos gravitacionais e magnéticos sugerem que o sal na nappe salina de Garmsar extrudiu de uma profundidade de < 2000 m.

4.4. Estudo prévio do local da bacia salina de Garmsar para a eliminação de resíduos perigosos.

A criação de um depósito de resíduos é uma estrutura de engenharia que exige uma cooperação interdisciplinar. São necessários estudos geocientíficos e técnicos para elaborar um conceito em que o local, o modo de deposição, as propriedades da rocha hospedeira e a situação geológica sejam coordenados de forma a que existam barreiras naturais e artificiais para proteger o homem e o ambiente.

Os factores que determinam se um reservatório ou uma caverna salina podem ou não funcionar como uma instalação de armazenamento adequada são tanto geológicos como geográficos. A primeira seleção do local é feita com base em mapas geológicos, estudos de campo e uma avaliação do material de arquivo, em especial sísmico e geofísico. Do ponto de vista geográfico, os locais potenciais devem estar relativamente próximos das regiões de consumo ou da indústria. Devem também estar próximos de infra-estruturas de transporte, incluindo condutas principais e troncos e sistemas de distribuição.

Além disso, devem ser feitas recomendações para estudos geocientíficos do local com base nos dados disponíveis. Na investigação seguinte do local, todos os parâmetros relevantes para o projeto devem ser avaliados para a avaliação final da viabilidade técnica e da segurança a longo prazo do depósito. A primeira tarefa do estudo do local é definir a situação atual:

Determinação dos tipos de rocha, estratigrafia, estrutura, sistemas de fissuras e falhas através de estudos de campo e geofísicos. Os estudos estruturais centrar-se-ão na estabilidade e deformabilidade do depósito. Os dados sísmicos serão utilizados para determinar o edifício estrutural a níveis estruturais mais profundos, bem como a atividade sísmica regional.

Na bacia salina de Garmsar, a eliminação geológica em profundidade constitui a solução lógica para os resíduos em relação aos locais próximos da superfície. Antes da seleção de áreas com condições favoráveis para a eliminação, as áreas com condições obviamente desfavoráveis devem ser excluídas por critérios.

No processo de seleção de locais para potenciais rochas hospedeiras de resíduos perigosos em formações geológicas profundas, com base em critérios de exclusão geocientífica e requisitos mínimos, o depósito geológico profundo é lógico para resíduos perigosos, e este estudo prova também que é impossível eliminar de forma segura e permanente os resíduos químicos e industriais em locais próximos da superfície.

Capítulo 5. Conclusões

Os resultados da presente tese sugerem que a parte superior do sal está a descer continuamente a taxas que dependem das estações do ano. A taxa de deslocação da superfície em toda a região varia entre uma subsidência de - 40 a - 50 mm a^{-1} e uma elevação de 20 mm a^{-1}. As planícies agrícolas, onde a extração de água subterrânea para irrigação excede a recarga, estão a descer mais rapidamente do que a camada de sal. A correlação dos deslocamentos da superfície com dobras activas e falhas sísmicas em torno da camada de sal também sugere que a área de estudo está a sofrer uma deformação ativa.

Além disso, os interferogramas preparados indicam que a maior parte do movimento na área de Garmsar é principalmente por dobragem compensada ao longo da Falha de Zirab Garmsar e muitas falhas menores perpendiculares à cordilheira, por exemplo, a falha de Garmsar parece ter actuado como um impulso de mergulho para norte nos meses de inverno e invertido para uma falha normal nos meses de verão. A última destas inversões na nossa cobertura pode ter sido captada pelo movimento tipo tesoura ao longo da falha de Garmsar. Da mesma forma, a principal falha ativa com tendência SW-NE pode ser uma falha transpressiva sinistral num período de tempo e uma falha transtensional noutro período. Isto poderia indicar alternâncias entre campos de tensão transpressivos e transtensionais.

A cinemática de alguns dos sistemas de falhas inverteu-se assim 3 vezes na época de 18 meses representada nos nossos interferogramas, sugerindo um ciclo de inversão de ~6 meses.

Alguns eventos como a dobragem, as taxas lentas de perturbações sísmicas parecem ter-se propagado entre epicentros no mesmo dia, comprimentos de falhas activas mais longos do que o esperado para sismos tão pequenos e deslocamentos que variam em valor ao longo de um ou ambos os lados de muitas falhas, tudo indica que a deformação assísmica é significativa na área.

Por outro lado, um modelo de caixa de areia à escala simula as falhas inversas e os impulsos observados na Cordilheira de Alborz a N de Garmsar, incluindo as dobras e falhas com tendência NW- SE no limbo ocidental da chevron de Alborz e com tendência NE-SW no limbo oriental.

As caraterísticas das anomalias de gravidade na área de estudo mostram fortes anomalias no SW e fracas anomalias no NE. Um corpo marcante de anomalias negativas situa-se no N, que representa basicamente o contorno do lençol de sal da área de estudo.

As estimativas de profundidade baseadas em dados gravítico-magnéticos e no algoritmo de deconvolução de Euler indicam que o sal à superfície subiu da profundidade de< 2000 m. A parte superior do diápiro de sal com a sua propriedade magnética muito baixa está localizada a uma profundidade< 2 km.

O processo de seleção de potenciais rochas hospedeiras para depósitos de resíduos perigosos em formações geológicas profundas na bacia salina de Garmsar baseou-se em critérios de exclusão geocientífica internacionalmente reconhecidos e em requisitos mínimos, bem como noutros critérios considerados de um ponto de vista geocientífico.

Os critérios de exclusão com base no contexto social serão aplicados às zonas com contextos geológicos integrais favoráveis. As zonas que não satisfazem estes critérios são igualmente excluídas do processo. As camadas salinas próximas da superfície não cumprem os requisitos mínimos e é impossível eliminar de forma segura e permanente os resíduos químicos e industriais nas rochas hospedeiras próximas da superfície.

As restantes possibilidades, como os depósitos geológicos profundos, implicam contextos geológicos integrais favoráveis e não estão excluídas do planeamento por razões jurídicas ou socioeconómicas. Nos passos seguintes, são identificadas as regiões dentro das restantes áreas. Para tal, é necessário desenvolver novamente um conjunto abrangente de critérios geocientíficos e sociocientíficos. A importância dos critérios geocientíficos e sociocientíficos deve ser avaliada para que se possa efetuar uma classificação das regiões e dos sítios. Nesta fase, as avaliações de segurança têm de ser utilizadas em maior escala, por exemplo, para poder avaliar as incertezas dos dados no que respeita à capacidade de isolamento.

Aguardamos com expetativa estudos futuros que esclareçam até que ponto as estruturas activas do Alborz se estendem a S da frente da montanha. Também seria interessante conhecer a geografia da camada de sal autóctone assinalada pelo espaçamento próximo de dobras e falhas na Falha de Zirab-Garmsar e a S e E. De maior interesse ainda seria a geografia e o momento de inversões aparentemente episódicas de falhas activas e se estas só ocorrem onde o sal autóctone proporciona um descolamento superficial. A monitorização contínua utilizando InSAR seria valiosa, e um conjunto local de estações GPS poderia verificar as alterações na cinemática e um conjunto local de sismómetros deveria permitir soluções sísmicas para verificar a dinâmica.

São necessários estudos de subsuperfície para conhecer as propriedades estruturais e hidrológicas e a dimensão da bacia salina para futuras aplicações.

Capítulo 6. Referências

Alavi, M., 1996. Síntese tectono-estratigráfica e estilo estrutural do sistema montanhoso de Alborz no norte do Irão. *Journal of Geodynamics* 21, 1-33.

Allen, M.B., Ghassemi, M.R., Shahrabi, M.Qorashi, M., 2003. Acomodação do encurtamento oblíquo cenozóico tardio na cordilheira de Alborz, norte do Irão. *Journal of Structural Geology* 25, 659-672.

Byerlee, J. D., 1978, Friction of rocks: Pageoph, v. 116, p. 615-626.

Jackson, M.P.A., Cornelius, R.R., Craig, C.H., Gansser, A., Stocklin, J., Talbot, C.J., 1990. Salt Diapirs of the Great Kavir, Central Iran. Sociedade Geológica da América, Boulder 177.

Massonnet, D., & Feigl, K. L. 1998 Radar interferometry and its application to changes in the Earth's surface. *Reviews of Geophysics, 36: 441- 500.*

Ritz, J.-F., Nazari, H.,Ghassemi,A.,Salamati,R.,Shafei,A., Solaymani,S.,Vernant,P., Active transtention inside Central Alborz: A new insight into the Northern Iran-Southern Caspian geodynamics, *Geology, 34* (6), 477-480, 2006.

Safaei, H., 2001, Elastic diurnal movement of Masses of Tertiary salt extruded in north central Iran. *Jornal de Ciências, República Islâmica do Irão. 12, No. 3, 241- 250.*

Talbot, C.J., 2000, Monitoring salt extrusions in Iran (Monitorização das extrusões de sal no Irão). *Relatório de progresso não publicado para Geol. Surv. Iran.*

Weijermars, R. 1997: Principles of Rock Mechanics. *Alboran Science Publishing. 359p.*

Capítulo 7. Os manuscritos estão relacionados com a tese

I. Baikpour, S., Zulauf, G., Dehghani, M. & Bahroudi, A., 2010, InSAR maps and time series observations of surface displacements of rock salt extruded near Garmsar, northern Iran, *Journal of the Geological Society, London, 167, PP 171-181.*

II. Baikpour, S., Talbot, C.J., 2010, The Garmsar salt nappe and seasonal inversions of surrounding faults imaged on SAR interferograms, northern Iran, In: Alsop, I. [ed.], *Salt Tectonics, Sediments and Prospective. Geological Society, Londres, Publicações especiais (no prelo).*

III. Baikpour, S., Zulauf, G., Sebti, A., Kheirolahi, H. e Dietl, C., 2010, Analogue and geophysical modeling of the Garmsar Salt Nappe, Iran: constraints on the evolution of the Alborz Mountains, *Geophysical Journal International, 182, PP 599-612.*

IV. Baikpour, S., Zulauf, G., Abdolahifard, I., 2010, Hazardous waste disposal in Iran: Results from a pre-site study of the Garmsar Salt basin. *Manuscrito submetido ao Journal of Sciences, República Islâmica do Irão.*

Mapas InSAR e observações de séries temporais das deslocações da superfície do sal-gema extrudido perto de Garmsar, no norte do Irão

Mapas InSAR e observações de séries temporais dos deslocamentos da superfície do sal-gema extrudido perto de Garmsar, no norte do Irão .

Shahram Baikpour [1] Gernold Zulauf [1] Maryam Dehghani [2] Abbas Bahroudi [3]

[1] Departamento de Geociências, Universidade Goethe, Frankfurt a.M., Alemanha.

[2] Departamento de Geomática e Geodesia, Universidade K.N.Toosi, Teerão, Irão.

[3] Departamento de Engenharia de Minas, Universidade de Teerão, Teerão, Irão.

Resumo

Um grande lençol alóctone de sal-gema do Eocénico está a formar o planalto de Eyvanekey, a oeste de Garmsar, ao longo da periferia norte da bacia do Grande Kavir. Este sal foi extrudido sobre as planícies centrais do Irão, onde a frente da montanha Alborz, que avança para sul, é compensada pela falha de deslizamento de Zirab-Garmsar, de tendência NE-SW.

Com base em nove cenas descendentes do Advanced Synthetic Aperture Radar ASAR, produzidas pelo satélite ENVISAT da Agência Espacial Europeia entre 2003 e 2006, utilizámos interferogramas para mapear a deslocação ao longo de 22 incrementos que variam no tempo entre 2 e 18 meses.

Para estudar a deformação da superfície em alta resolução temporal e espacial, um pequeno subconjunto de interferogramas foi usado para mapear a velocidade média da deformação da superfície. Os resultados sugerem que o topo do sal está a diminuir continuamente a taxas que dependem da estação do ano. A taxa de deslocação da superfície em toda a região varia entre a subsidência de - 40 a -50 mm/ano e a elevação de 20 mm/ano. As planícies agrícolas, onde a extração de água subterrânea para irrigação excede a recarga, estão a descer mais rapidamente do que a camada de sal. A correlação das deslocações da superfície com dobras activas e falhas sísmicas em torno da camada de sal também sugere que a área de estudo está a sofrer uma deformação ativa.

Palavras chave: InSAR, Garmsar, Interferograma, deformação ativa,

Introdução

Os desertos do Irão são laboratórios naturais adequados para o estudo de centenas de extrusões salinas subaéreas que são normalmente submarinas ou subsuperficiais noutros locais *(Talbot 1998).* As cerca de. 200 extrusões de sal que emergem nas montanhas Zagros são de idade infracambriana a cambriana (sal de Hormoz). As outras extrusões do planalto central do Irão, nas profundezas das montanhas Alborz, consistem em sal do Oligoceno Inferior ao Mioceno. A maior parte das extrusões salinas iranianas, tanto as de Hormoz como as do Terciário, podem ser consideradas modelos naturais de diapiros que extrudem pilhas de nappe constituídas por rochas normais da crosta superior. A forma destes diapiros é controlada pela taxa de extrusão, pelo espeleotomismo lateral e pela taxa de erosão.

Ao contrário da maioria das extrusões de sal iranianas, que provavelmente se espalharam por gravidade durante dezenas ou centenas de milénios a partir de diápiros que atingem a superfície ao longo de falhas *(Talbot et al., 2000),* o lençol de sal que está subjacente à área de 20 x 10 x 0,32 km do Planalto de Eyvanekey difere por ter sido espremido para a superfície à medida que a frente da montanha de Alborz avançava para sul sobre a Bacia de Garmsar. Em revisões recentes, este corpo de sal-gema é referido como o nappe salino de Garmsar e citado como um exemplo de um lençol de sal alóctone que extrudiu ao longo de uma frente montanhosa antes de sofrer um avanço de dedos abertos. (Hudec & Jackson *2006 e 2007)* O principal objetivo do presente estudo foi verificar se esta frente de montanha e as suas extrusões de sal associadas ainda estão activas.

As taxas de extrusão e dissolução do sal de Hormoz foram limitadas por modelos analíticos *(Wenkert, 1979, Talbot & Jarvis, 1984)* e numéricos *(Talbot et al., 2000)* e por repetidas medições diretas no solo de marcadores fixados no sal *(Talbot & Rogers, 1980; Talbot et al., 2000, Bruthans et al., 2006, 2007).* Estudos semelhantes de extrusões de sal do Terciário são mais limitados. Safaei (*2001*) relacionou grandes deformações elásticas, medidas em faces de sal viradas a sul nas colinas de Garmsar, com alterações de temperatura contemporâneas através da expansão térmica do sal seco. Talbot & Aftabi (*2004*) investigaram a deformação de uma extrusão perto da cidade de Qom, e Talbot *(2000, 2004)* e Schleder & Urai (*2006*) descreveram algumas das estruturas e microfabricos que ajudam a explicar o amolecimento por deformação do sal no planalto de Eyvanekey. No entanto, todas estas medições no solo apenas monitorizam a deformação superficial em pontos específicos de corpos de sal individuais.

Melhorias recentes na interferometria de imagens de radar de abertura sintética chegaram a um ponto em que a deformação superficial em todo o corpo das extrusões de sal iranianas pode ser rotineiramente mapeada e monitorizada à distância. Weinberger et al *(2006)* utilizaram séries temporais de interferogramas, verificadas por nivelamento preciso do terreno, para demonstrar que diferentes partes do topo do Monte Sedom em Israel subiram a taxas constantes entre 5 e 9 mm a^{-1} desde que o seu topo foi truncado por um precursor do Mar Morto em 14 ka.

InSAR (interferometria SAR) utiliza a diferença de fase entre duas imagens SAR da mesma área adquiridas em momentos diferentes para mapear um modelo digital de elevação (DEM) para a área ou o seu deslocamento de superfície na linha de visão (LOS) do satélite. Os dados para este estudo das extrusões de sal a norte e a oeste de Garmsar (Fig. 1) foram recolhidos pelo satélite ambiental ENVISAT da Agência Espacial Europeia, que captou imagens da área entre dezembro de 2003 e junho de 2005.

Foram analisadas 9 cenas ASAR (Advanced Synthetic Aperture Radar) que abrangem estes 18 meses para caraterizar os deslocamentos de superfície para a área indicada na Fig. 1, antes de utilizar 22 interferogramas para análises mais detalhadas da deformação em intervalos de tempo distintos e, finalmente, utilizar dados de séries temporais para calcular as taxas de deformação da superfície LOS de localidades representativas de diferentes unidades geológicas.

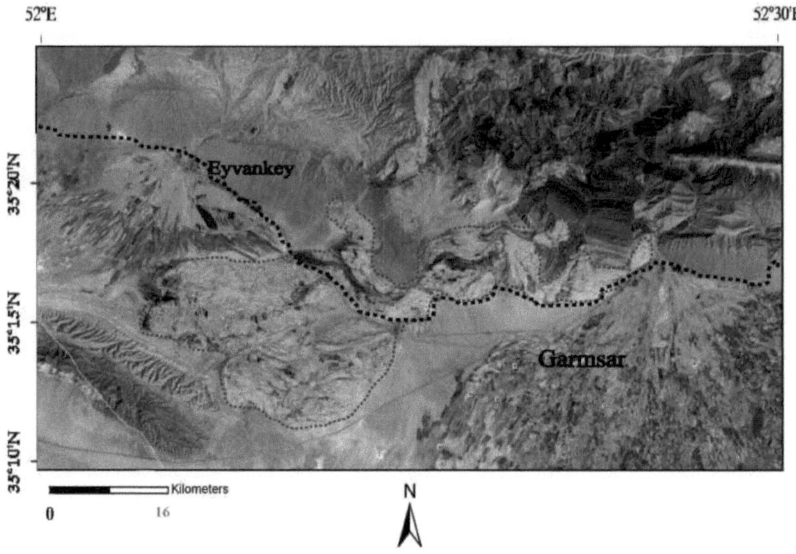

Fig.1. O planalto de Eyvanekey e as colinas a norte de Garmsar na imagem de satélite Landsat *(fonte: Google Earth),* com todos os principais corpos de sal do Terciário delineados em pontos vermelhos, os pontos pretos mostram os limites da frente da montanha.

Antecedentes geológicos

Os diápiros de sal do Terciário estão a formar altos topográficos na bacia do Grande Kavir e em várias das suas sub-bacias, como Qom e Garmsar. O sal terciário dissolvido nestes pontos altos topográficos acumula-se como salmoura nos pontos baixos topográficos a jusante, onde é frequentemente reprecipitado como sal moderno.

A bacia de Garmsar (Fig. 1) faz parte de uma série de bacias situadas na parte anterior das montanhas de Alborz, formando um embaiamento na periferia norte do Grande Kavir, do qual está separada pelo Kuh-e-Gachab e pela ondulação de Dulasian (Fig. 3B). Os estratos terciários mais antigos da região são sedimentos marinhos do Eoceno associados a rochas vulcânicas que assentam de forma inconformada sobre estratos mesozóicos dobrados. A espessura inicial da sequência portadora de evaporitos não é clara devido à sua forte distorção subsequente, mas provavelmente excede os 8000 m *(Jackson et al., 1990).* A idade da sequência evaporítica não é clara devido à falta de fósseis. No entanto, as semelhanças litológicas com as rochas de Qom Kuh e os diápiros do Grande Kavir *(Jackson et al., 1990)* sugerem que as rochas de Garmsar incluem evaporitos do Eocénico superior e do Oligocénico.

Algum sal da bacia de Garmsar pode ainda estar presente sob as rochas mesozóicas na frente de deformação das montanhas de Alborz. Outros estratos de sal extrudiram para a superfície sob a forma de pequenos diápiros ao longo de falhas no sopé das montanhas, sem se espalharem significativamente pela superfície *(Safaei, 2001 e Fig. 1)*. No entanto, é provável que a maior parte do sal que foi ultrapassado pelo avanço para sul da frente de deformação de Alborz tenha sido expelido sobre sedimentos recentes do grande Kavir (Figs. 1 e 3C) a sul e/ou a oeste. Este sal está agora presente como um enorme lençol de sal alóctone que forma o que chamaremos aqui de Planalto de Eyvanekey (Figs. 1 e 3C). Extrusões mais pequenas de sal nas colinas a norte de Garmsar marcam o local onde a frente de deformação de Alborz é deslocada cerca de 9 km pela falha dextral Zirab-Garmsar, com 130 km de comprimento e tendência SW-NE. Esta última não é uma falha de deslizamento puro, mas sim uma falha transtensional.

O sal revolvido é coberto por uma cobertura mecanicamente significativa, cujas jangadas se desprendem do bordo de ataque da cobertura por detrás do dedo do pé extrusivo.

Enormes jangadas das montanhas de Alborz colapsaram para sul no sal, enquanto outras foram arrastadas vários quilómetros para sul ao longo de falhas de deslizamento ou foram rodadas em torno de eixos íngremes. Dado que o sal do planalto de Eyvanekey, situado a oeste de Garmsar, foi inicialmente extrudido para sul a partir da linha de diápiros que emergem nas colinas ao longo do limite sul de Alborz, a norte de Garmsar, o planalto de Eyvanekey pode ter sido deslocado dextralmente durante cerca de 9 km ao longo da falha Zirab-Garmsar até à sua posição recente (Fig.2). A questão de saber se a falha de Zirab-Garmsar ainda está ativa será determinada por futuros estudos GPS.

O planalto de Eyvanekey eleva-se acima das terras agrícolas irrigadas circundantes (Fig. 3), e as extrusões salinas de Garmsar, de menor dimensão, que margeiam a frente de Alborz, consistem predominantemente em rocha salina e gipsita com marga subordinada, marga calcária, xisto e arenito, juntamente com inclusões de rochas vulcânicas máficas.

A superfície atual do planalto é estéril e o sal está coberto por vários metros de solos residuais insolúveis após a dissolução do sal pela chuva *(Talbot, 2004)*, a maioria dos quais são gesso verde claro a castanho pálido com marga subordinada e marga calcária *(Amini e Rashid, 2005)*.

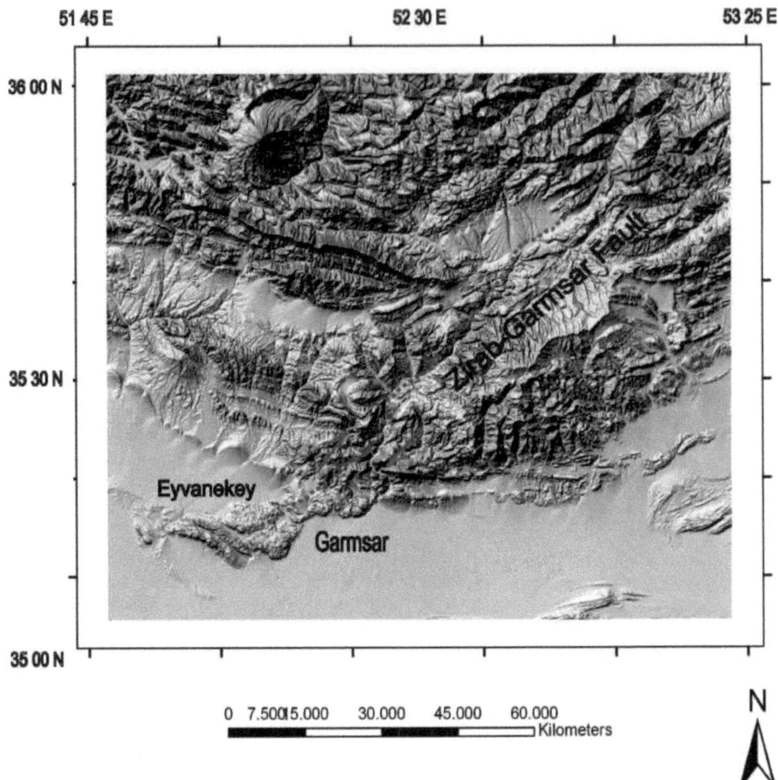

Fig. 2. O Modelo Digital de Elevação do Irão, sombreado por uma colina, relaciona o planalto de Eyvanekey com a extremidade sul da falha de Zirab-Garmsar (pontos vermelhos). As setas vermelhas ilustram uma camada chave deslocada 9 km dextralmente. O contorno da frente da montanha é mostrado por pontos amarelos.

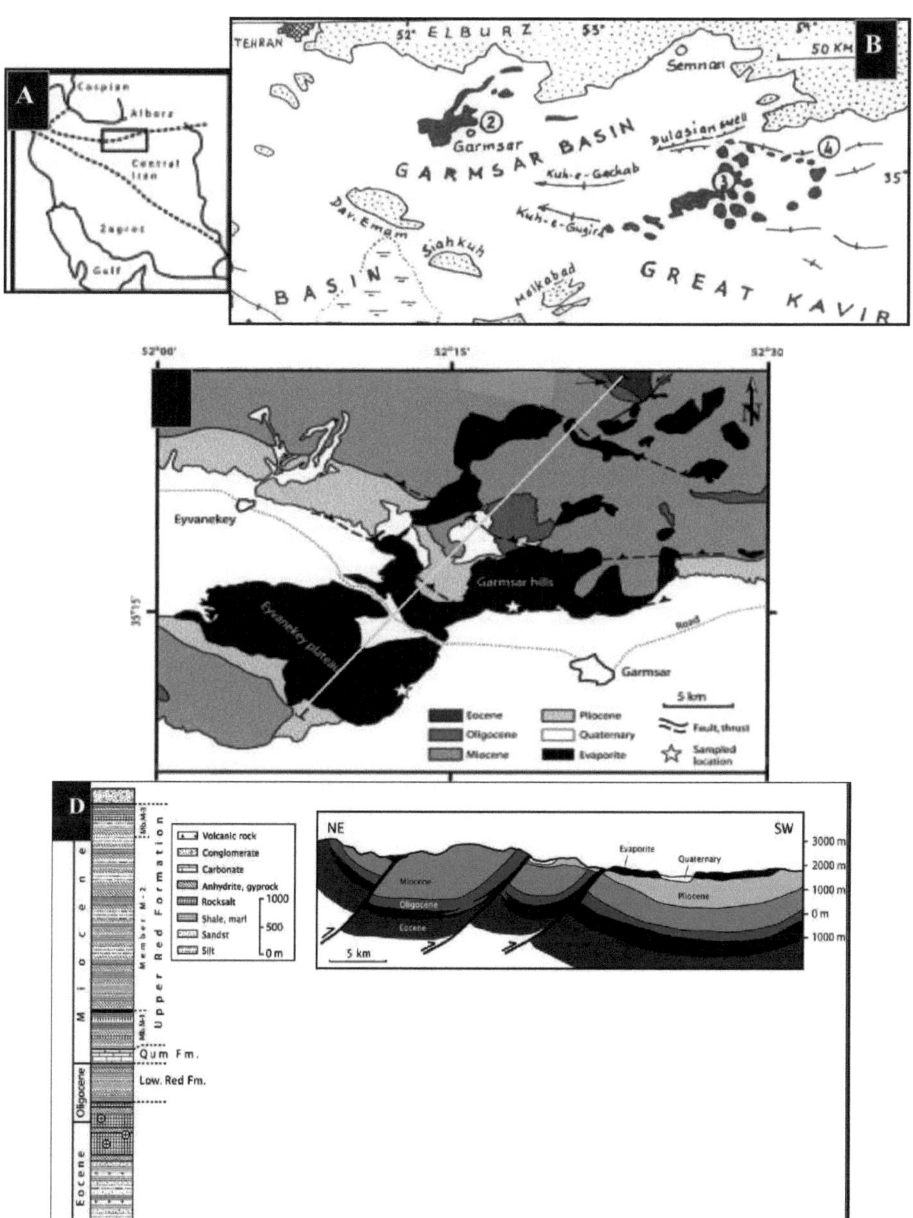

Fig. 3. Configuração regional simplificada das colinas de Garmsar, planalto de Eyvanekey e arredores. (A) Localização da área no Irão indicada em B. (B) Evaporitos do Terciário à superfície nas bacias de Garmsar, Qom e Grande Kavir *(Jackson et al., 1990)*. (C) Configuração geológica simplificada das colinas de Garmsar e do planalto de Eyvanekey, segundo o mapa geológico de *Amini e Rashid (2005)*. (D) Coluna litoestratigráfica

da bacia de Garmsar, segundo *Jackson et al. (1990) O* sal-gema do Eoceno-Oligoceno é a principal fonte de extrusão do nappe salino de Garmsar e dos diapiros nas colinas a norte da secção transversal NE-SW de Garmsar. Esta última corta o nappe salino de Garmsar localizado em C (modificado após *Amini e Rashid, 2005).*

Os afloramentos naturais de sal são raros, mas a halite está acessível em muitas pedreiras de sal e em algumas minas, a maioria das quais foram abertas nos últimos 10 anos. A maior parte do sal é branca e de grão fino, com uma forte foliação milonítica sub-horizontal *(Schleder & Urai, 2006)*, mas alguns são vermelhos e alguns foram sujeitos ao que parece ser um crescimento estático do grão. O acamamento nos lençóis de sal é geralmente sub-horizontal, mas apresenta dobras redobradas recumbentes expostas em faces íngremes de pedreira com tendências N-S e W-E (Figs.4A e 4B). O sal de grão fino é mecanicamente muito fraco (*Schleder & Urai, 2006*), mas não *se sabe se algum do sal em Garmsar ainda se move atualmente (Talbot, 2000.).*

Fig. 4. Afloramentos mostrando sal-gema e rochas da área de estudo. (A) Marga subhorizontal verde clara a vermelha com intercalações de arenito a norte da camada de sal(B) Solos de marga verde clara a vermelha indicam dobras reclinadas com membros~ de 100 m de comprimento na sequência de sal subjacente. Os eixos das dobras tendem para oeste-leste. (C) Um declive íngreme de sal virado para sul nas colinas de Garmsar é caracterizado por algumas franjas no nosso primeiro interferograma; as setas vermelhas apontam para estacas utilizadas para medir a taxa de fluxo. (D) Pedreira de exploração industrial de sal-gema na margem oriental do planalto de Eyvanekey.

Métodos de estudo

As análises interferométricas de imagens SAR tornaram-se uma técnica generalizada e valiosa para medir deslocações subtis da superfície do solo *(por exemplo, Massonnet e Feigl, 1998)*. Quando duas cenas de radar são feitas em momentos diferentes a partir do mesmo ângulo de visão, uma pequena alteração na posição do alvo (superfície do solo) pode criar uma alteração detetável na fase dos sinais retrodifundidos. A diferença de fase resultante é expressa num mapa de interferências (interferograma), cujo padrão de franjas resultante reflecte a deslocação do solo que ocorreu entre as duas aquisições, sendo o produto referido como um "interferograma de alteração". Em vez de utilizar os dados primários para gerar o nosso próprio DEM, utilizámos o DEM fornecido pela Shuttle Radar Topography Mission (SRTM) com uma resolução espacial de 90 m.

No caso do satélite ENVISAT SAR, cada franja ou ciclo de cor num interferograma de mudança corresponde a um contorno cartográfico de deslocamento equivalente a metade do comprimento de onda do radar. O ângulo médio de incidência deste satélite é de 23°. Assim, no caso de um movimento puramente vertical, um ciclo de franjas representa 31 mm de deslocação.

A mudança de fase no interferograma é o composto da informação topográfica, φ_{topo}, e do deslocamento da superfície, entre as duas aquisições, φ_{disp}, do atraso atmosférico, φ_{delay}, e do ruído, φ_{noise}. A geração bem sucedida do InSAR requer a remoção da contribuição da fase topográfica e de modo a isolar a componente de deslocamento do solo. O φ_{topo} pode ser simulado e eliminado através da introdução de informação do DEM.

$$\varphi = \varphi_{topo} + \varphi_{disp} + \varphi_{delay} + \varphi_{noise}$$

A componente atmosférica, φ_{atraso}, é principalmente devida às flutuações do teor de água na atmosfera entre o satélite e o solo. O atraso atmosférico pode ser identificado utilizando o facto de a estrutura da franja ser independente ao longo de vários interferogramas; em alternativa, pode ser modelizado utilizando dados de uma rede GPS. É igualmente possível reduzir a perturbação atmosférica ao termo da fase de deslocamento, utilizando a "técnica de empilhamento de interferogramas". O efeito atmosférico pode ser estimado através da representação gráfica da fase em função da altura para cada pixel; é forte se existir uma boa correlação entre a altura e a fase. Os mapas que apresentam a velocidade média de deslocação foram produzidos utilizando o software MATLAB.

Dados

Os dados para o presente estudo foram recolhidos pelo satélite ambiental ENVISAT, da Agência Espacial Europeia (ESA), que captou imagens da área de estudo entre dezembro de 2003 e junho de 2005. O ciclo orbital normal deste satélite é de 35 dias. Para verificar se é possível reconhecer algum deslocamento da superfície na área de estudo, construímos um interferograma preliminar utilizando duas imagens descendentes do ENVISAT adquiridas em agosto de 2003 e fevereiro de 2006. Este interferograma mostra grandes áreas de sinal coerente no leito rochoso e no sal e algumas franjas nas margens do lençol de sal, encorajando assim mais investigações detalhadas.

Subsequentemente, adquirimos 9 cenas descendentes da Agência Espacial Europeia ESA, (Tabela 1 e Fig. 5) e gerámos Interferogramas de Mudança para diferentes períodos que variam entre 2 e 18 meses entre 2003 e 2005. Como indicado na Tabela 2, gerámos 22 interferogramas diferenciais a partir dos dados da ESA utilizando o software GAMMA (fornecido pelo grupo de Sensoriamento Remoto, Serviço Geológico do Irão GSI) e o método de duas passagens *(Massonnet e Feigl 1998).*

Satélite	Sensor	Data	Pista	Órbita	Dia	Linha de base
ENVISAT	ASAR	2003 12 02	106	3507	245	364
ENVISAT	ASAR	2004 02 10	106	4509	315	318
ENVISAT	ASAR	2004 06 29	106	6513	455	-310
ENVISAT	ASAR	2004 08 03	106	7014	490	518
ENVISAT	ASAR	2004 11 16	106	8517	595	76
ENVISAT	ASAR	2004 12 21	106	9018	630	274
ENVISAT	ASAR	2005 03 01	106	10020	700	418
ENVISAT	ASAR	2005 04 05	106	10521	735	-15
ENVISAT	ASAR	2005 06 14	106	11523	805	413

Tabela 1. As 9 imagens de Radar descendentes e os pormenores das mesmas foram adquiridos à ESA.

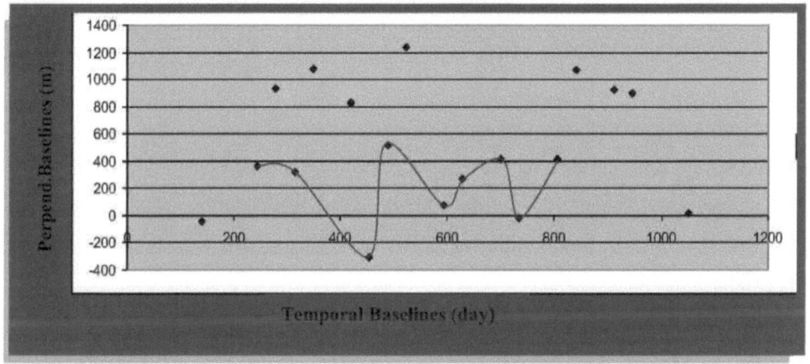

Fig. 5. Foram adquiridos 18 pontos (imagens) na primeira pesquisa de imagens sobrepostas para a faixa (106) de imagens descendentes, pelo que 9 pontos (imagens) têm uma boa relação nas linhas de base temporais e perpendiculares (a linha vermelha mostra as relações das linhas de base perpendiculares e temporais de nove imagens descendentes do Radar).

Sinal de imagem	Datas de época	Linhas de base perpendiculares (m)	Linhas de base temporais (dias)
A	2003 12 02 2004 02 10	46	70
B	2003 12 02 2004 06 29	674	210
C	2003 12 02 2004 08 03	154	245
D	2003 12 02 2004 11 16	288	350
E	2003 12 02 2004 12 21	90	385
F	2004 08 03 2004 06 29	828	35
G	2004 08 03 2004 11 16	442	105
H	2004 08 03 2004 12 21	244	140
I	2004 08 03 2005 03 01	100	210

J	2004 11 16 2004 12 21	198	35
K	2004 02 10 2004 12 21	44	315
L	2004 02 10 2005 03 01	100	385
M	2004 06 29 2004 11 16	290	140
N	2004 06 29 2004 12 21	584	175
O	2004 11 16 2005 04 05	91	140
P	2004 12 21 2005 06 14	135	175
Q	2005 03 01 2004 11 16	342	105
R	2005 03 01 2004 12 21	144	70
S	2005 03 01 2005 04 05	433	35
T	2005 03 01 2005 06 14	5	105
U	2005 04 05 2004 12 21	289	105
V	2005 04 05 2005 06 14	428	70

Tabela 2. Os sinais alfabéticos das imagens não tratadas e achatadas são preparados pela data de aquisição das imagens ENVISAT ASAR e pelas linhas de base espaciais e temporais dos interferogramas.

O efeito da topografia foi removido de cada interferograma utilizando o Modelo Digital de Elevação (DEM) com a resolução espacial de 90 m produzido pela Missão de Topografia por Radar Shuttle (SRTM). A técnica InSAR mapeia a deformação da superfície ao longo da linha de visão (LOS) do satélite ENVISAT.

A maior parte da deslocação da superfície representada na Fig. 8 pode ser assumida como sendo quase vertical. A construção de interferogramas para pares vizinhos numa série de aquisições para a mesma área produz uma série temporal da taxa de deformação da superfície em toda a área deformada.

Resultados

Um dos nossos interferogramas mostra franjas de cor nas encostas íngremes das margens da pequena extrusão de sal nas colinas de Garmsar e em torno da grande camada de sal sob o planalto de Eyvanekey (ver figuras em anexo). Estas franjas indicam uma taxa de deslocação da superfície da margem ocidental deste corpo de sal de cerca de 1 cm/ano. Informações mais detalhadas sobre a taxa de deslocamento resultam de interferogramas que abrangem incrementos mais curtos do que 12 meses. Vinte e dois interferogramas foram preparados e analisados para cada par de imagens para 22 épocas listadas na Tabela 2 que variaram em comprimento de 2 a 18 meses.

Uma vez que a fase topográfica foi removida destes interferogramas achatados, as cores registam principalmente a deformação da superfície na linha de visão quase vertical do satélite. As áreas que estão a sofrer subsidência durante este período são indicadas por cores mais quentes. Este tipo de áreas de afundamento está presente em todos os interferogramas, mas com diferentes magnitudes de deslocamento. Perfis de tendência NE-SW e NW-SE foram preparados para mostrar a taxa de flutuação do deslocamento da superfície dentro do sal extrudido e seus arredores (Figs. 6 e 7).

Para destacar as principais caraterísticas de deformação e relacionar as variações nas taxas de deslocamento da superfície LOS com parâmetros sazonais, como temperatura e quantidade de precipitação, bem como dados sísmicos, foram produzidos mapas da velocidade média de deslocamento (Fig. 8) para quatro dos interferogramas escolhidos entre os 22 períodos.

A velocidade média de deslocamento é representada em função da distância ao longo dos perfis de tendência NE-SW e NW-SE, respetivamente (Fig. 9, para a localização dos perfis, ver Fig. 8). A maior parte dos dados das séries temporais sugerem que a subsidência aumenta continuamente a partir do topo da camada de sal em direção às terras baixas agrícolas. A maior parte desta subsidência pode provavelmente ser atribuída à dissolução do sal pela precipitação anual, sendo esta última da ordem de cerca de 100 mm/ano. As alterações espaciais na magnitude da subsidência e na taxa de subsidência podem ser controladas pela distribuição de poços agrícolas, pelo grau de atividade mineira na margem do glaciar de sal (Fig. 4C), bem como pela presença de planos mecânicos fracos, como falhas e fracturas.

Discussão

O InSAR fornece mapas contínuos da deslocação da superfície em vez de deslocações em alguns pontos discretos, o que é habitual para medições precisas no solo.

As duas trajectórias orbitais do satélite têm de estar a uma distância de algumas centenas de metros para que o sinal mantenha a coerência. Este facto limita o número de interferogramas que podem ser produzidos a partir de pares de imagens de satélite. É provável que as alterações na geometria orbital das duas aquisições degradem geralmente a coerência dos interferogramas gerados com linhas de base mais longas. No presente estudo, apenas são considerados 22 interferogramas que foram processados a partir dos 9 pares de imagens dos 36 pares potenciais gerados pelo satélite ENVISAT de 2003 a 2005 (Fig. 5). A perda local de coerência nos interferogramas pode estar relacionada com a vegetação, com alterações súbitas das condições do solo, como as devidas ao cultivo ou a alterações na água próxima da superfície, ou com a instabilidade dos declives.

Ao longo do LOS, o deslocamento da superfície em cada interferograma, mostrado na Fig. 6, varia de vários milímetros a centímetros. Abaixo, discutimos alguns dos factores que podem controlar a deformação da superfície da extrusão de sal e os arredores, que incluem terras áridas e agrícolas.

As taxas de elevação locais de cerca de 10 mm/ano são compatíveis com a taxa de 10 mm/ano medida para a elevação das montanhas centrais de Alborz utilizando estudos GPS (Masson et al., 2002).

(2002) esperavam que esta elevação ocorresse ao longo de falhas principais, enquanto o nosso trabalho indica que o movimento na área de Garmsar está disperso por muitas falhas menores, mas está principalmente relacionado com a dobragem. Em vez de inchar por extrusão de sal a partir de níveis estruturais mais profundos, ou de se degradar por dissolução, o nappe salino de Garmsar parece ser afetado por dobragem, esta última relacionada com o encurtamento N-S. Dado que as taxas de encurtamento se situam entre 1 e 11 mm/ano, os anticlinais acima de um descolamento devem subir a taxas de 10 mm/ano, enquanto os sinclinais devem descer a taxas > ca. 3,3 mm/ano (Vita-Finzi, 1986, p. 139). Estes valores são largamente consistentes com a taxa de encurtamento N-S de 8 ±2 mm/ano em todo o Alborz central, conforme indicado por estudos de GPS (Vernant et al., 2004). Os dados do GPS mostram ainda que a deformação recente parece estender-se para sul, para além da zona do piemonte. A interferometria SAR não pode ser utilizada para condicionar o cisalhamento sinistral ao longo da gama de falhas paralelas de deslizamento de ataque dentro da cintura. A taxa de deslizamento desta falha foi determinada em 4 ±2 mm/ano (Vernant et al., 2004).

Efeitos sazonais na deslocação da superfície

Garmsar é a maior cidade da área de estudo. Está situada a ca. 825 m acima do nível do mar, no extremo norte de Dasht-e Kavir, que é o maior deserto do planalto central do Irão. Garmsar significa "lugar quente" em farsi e o clima é carateristicamente seco e sem nuvens durante todo o ano, com uma precipitação mínima (por exemplo, 100 mm/ano) e temperaturas que variam entre -10 °C no inverno e 40 °C no final do verão. As terras agrícolas das planícies sobranceiras ao planalto de Eyvanekey e a sul de Garmsar são cultivadas por extração de águas subterrâneas, sobretudo na primavera e no verão. Quatro interferogramas de mudança para períodos entre 2 e 18 meses foram escolhidos entre os 22 interferogramas para restringir o impacto dos parâmetros sazonais nas taxas de deslocamento da superfície. As taxas de deslocamento da superfície LOS nestes 4 interferogramas foram traçadas ao longo dos perfis NE-SW e NW-SE, respetivamente, ao longo e através da direção provável de transporte do sal no Planalto de Eyvanekey (Fig. 6).

É óbvio que no período de 5 de março a 14 de junho, a taxa de elevação aumentou de NE para SW ao longo da camada de sal extrudido do perfil (Fig. 7A).

No entanto, apesar de as observações InSAR mostrarem que grandes secções do sal nas colinas NE de Garmsar baixaram (cerca de -2 cm), a margem distal SW do planalto foi elevada até 2 cm.

O perfil de tendência NE-SW *ao longo do* manto de sal de Eyvanekey indica que a superfície da sua borda NE nas colinas de Garmsar diminuiu -2 cm (Fig. 7A).

Esta subsidência na zona de extrusão do sal diminui para SW, onde a superfície do sal se eleva cada vez mais, atingindo um valor de ~1,5 cm no seu limite sul distal.

O perfil de tendência NW-SE através da camada de sal de Eyvanekey mostra uma pequena subida (0,2 cm) no seu centro que cai para cerca de -1 cm nas suas margens (Fig. 7B). Este perfil corresponde ao perfil adimensional de uma gota viscosa que se espalha sob a ação da gravidade, observado em antigas fontes de sal nas montanhas Zagros (Figs. 6 e 7; ver também Fig. 3 de Talbot 1998). A combinação destes dois perfis sugere que o sal pode ter subido para a cabeça do lençol salino de Eyvanekey e fluído para SW, e que a gravidade se espalhou para longe de um eixo NE-SW.

O perfil NW-SE ao longo da camada de sal durante 105 dias, de 3 de agosto a 16 de novembro, indica que estas tendências se inverteram (Fig. 7C). Tanto o manto de sal como as terras agrícolas baixaram cerca de 4 cm, enquanto o topo do planalto de sal baixou apenas cerca de 0,5 cm.

O perfil equivalente NE-SW (Fig.7D) para o período de 29 de junho a 16 de novembro revela mudanças na subida e descida da parte mais alta do manto de sal no norte em direção às partes médias do manto de sal. Além disso, está a mostrar uma curva ascendente até 2 cm nas encostas mais íngremes acima da margem sul. Entretanto, as terras agrícolas circundantes afundaram-se mais de 5 cm. Os perfis de tendência NE-SW e NW-SE mostrados na Fig. 7 têm formas semelhantes, mas intervalos diferentes. É provável que a profundidade do lençol freático esteja quase estável durante o inverno, quando os agricultores não têm necessidade de extrair água subterrânea. Por outro lado, não se registaram afundamentos no inverno. A cabeça do lençol de sal no sudoeste subsidiou em relação ao nordeste (Fig. 7E).

Efeitos estruturais nos mecanismos de deformação

O prolongamento meridional da falha de deslizamento de Zirab-Garmsar corta o lençol de sal de Eyvanekey extrudido sobre o planalto iraniano central (Fig. 2). Os traços de superfície de muitas falhas menores que são subparalelas a esta falha principal são mostrados na Fig. 8. O padrão sugere perturbações locais ao longo dessas falhas menores, o que é óbvio, por exemplo, ao longo do bordo sudeste do planalto salino (Figs. 8 e 9). Os lineamentos estão bem correlacionados com falhas activas, os epicentros dos sismos registados de 2003 a 2006 (mb=2 & 3) estão também representados na Fig. 8.

No entanto, estas falhas podem separar unidades distintas com propriedades mecânicas diferentes, de modo que a deformação diferencial da superfície (por exemplo, do sal em comparação com a planície circundante) pode registar a dissolução diferencial, a expansão térmica, o fluxo gravitacional, etc.

Alguns dos lineamentos mais óbvios nos interferogramas estão bem correlacionados com as margens da camada de sal sob o planalto de Eyvanekey. Estes lineamentos podem refletir a dissolução localizada ou o fluxo descendente de sal-gema ao longo das margens íngremes do sal (Figs. 8 e 9).

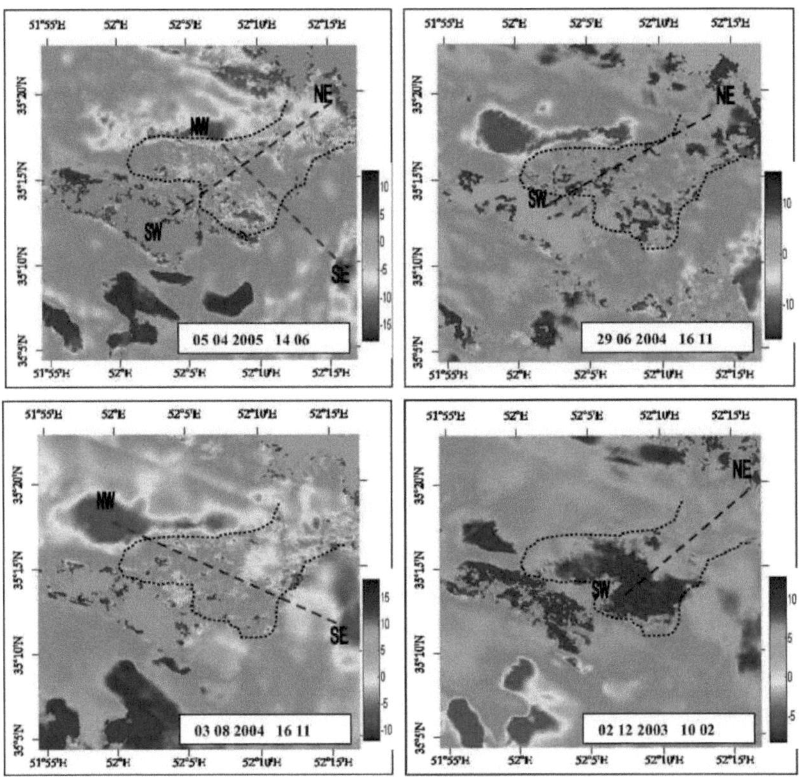

Fig.6. Quatro interferogramas diferenciais representativos escolhidos de entre os 22 interferogramas para mostrar os impactos sazonais na topografia. A data de cada interferograma está identificada. A escala das barras de cor está em cm.

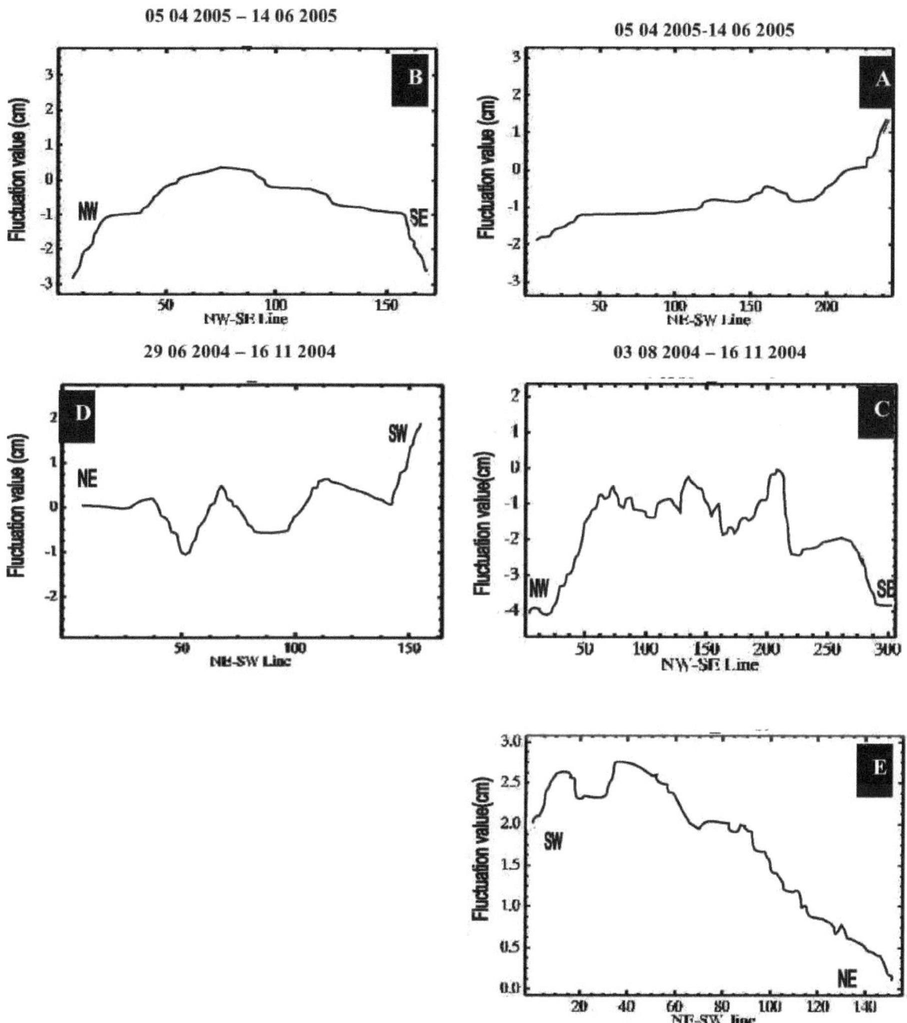

Fig.7. Flutuação na altura vertical ao longo dos perfis indicados nos interferogramas diferenciais mostrados na Fig. 6.

Observações de séries temporais InSAR

Os interferogramas individuais registam a deformação incremental do solo entre as datas de aquisição assinaladas. É possível produzir uma série temporal do deslocamento total da superfície no LOS entre a hora de início e cada data de aquisição.

Uma vez que existem tantos interferogramas linearmente independentes como datas de aquisição numa cadeia ininterrupta no nosso estudo, é possível utilizar uma inversão de mínimos quadrados para mapear/obter a deformação da superfície para cada período abrangido pelos dados *[Biggs e Wright, 2004; Berardino, 2002*]. O mapa e os gráficos resultantes da velocidade média de deslocamento (Figs. 9 e 10) indicam que a superfície do planalto de Eyvanekey e das planícies agrícolas circundantes diminuiu continuamente de 2003 a 2006. Estima-se que a taxa máxima de deformação da superfície tenha sido de cerca de 20 mm/ano nas terras agrícolas e de 5 mm/ano no centro do lençol de sal alóctone.

Como mostram os pequenos pontos na Fig. 8, um grande número de poços de água é utilizado para irrigar as terras agrícolas a oeste e a leste do planalto de Eyvanekey, especialmente na primavera e no verão. Encontrámos 503 poços a oeste e 181 poços a leste (alguns pontos estão fora da área de estudo). Existe uma correlação óbvia entre estes poços e a área de subsidência máxima perto de Garmsar, a leste do planalto, e alguns dos poços a oeste do planalto (Figs. 8 e 9), o que sugere que a superfície desce onde o lençol freático é significativamente rebaixado pela extração de água. Os poços que se agrupam em áreas de subsidência máxima parecem estar a explorar excessivamente as águas subterrâneas disponíveis. Os poços situados em zonas com menor subsidência podem ser alimentados de forma mais eficiente pela água drenada do Alborz.

Os gráficos da Fig. 10 indicam que a taxa de subsidência é elevada ao longo da margem oriental da camada de sal. A taxa de subsidência aumentou continuamente de 2003 a 2006. Esta observação pode estar relacionada com o fluxo descendente do sal ao longo da margem oriental íngreme, onde estava a sofrer dissolução. Por outro lado, o deslizamento frágil a jusante pode ser ajudado por tensões térmicas elásticas diárias e pelas escombreiras das cerca de 20 pedreiras activas situadas ao longo desta margem. 20 pedreiras activas situadas ao longo desta margem.

Por outro lado, a Fig. 10 mostra a deslocação instável da superfície ao longo da margem sul da camada de sal. Dois pontos sofreram um decréscimo acentuado na taxa de subsidência desde o início até meados de 2004, seguido de um aumento constante até meados de 2005, após o que voltou a abrandar.

Atribuímos esta observação de aumento da subsidência ao amolecimento do sal-gema, controlado por fluidos, através do aumento das taxas de dissolução/reprecipitação no inverno, quando o sal está húmido. O caso oposto é dado no verão, quando o sal está seco e, portanto, muito mais forte.

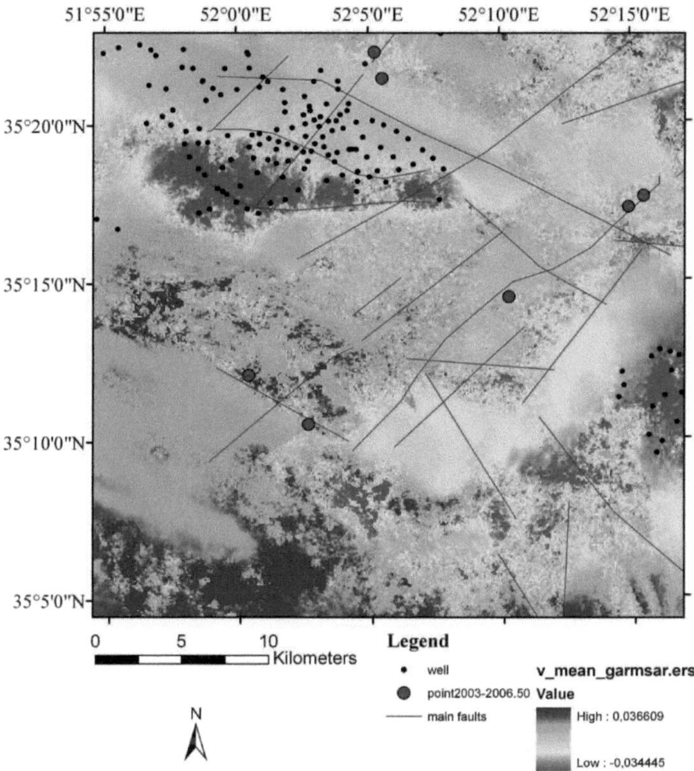

Fig.8. Mapa da velocidade média de deslocação para o período 2003 12 02 - 2005 06 14. Os dados de velocidade foram calculados utilizando o software MATLAB. Os círculos preenchidos a azul indicam epicentros de sismos com magnitude (mb= 2 e 3) de 2003-2006 (do catálogo IIEES). A linha a tracejado mostra o contorno do sal exposto à superfície. A escala da barra de velocidade está em m/y.

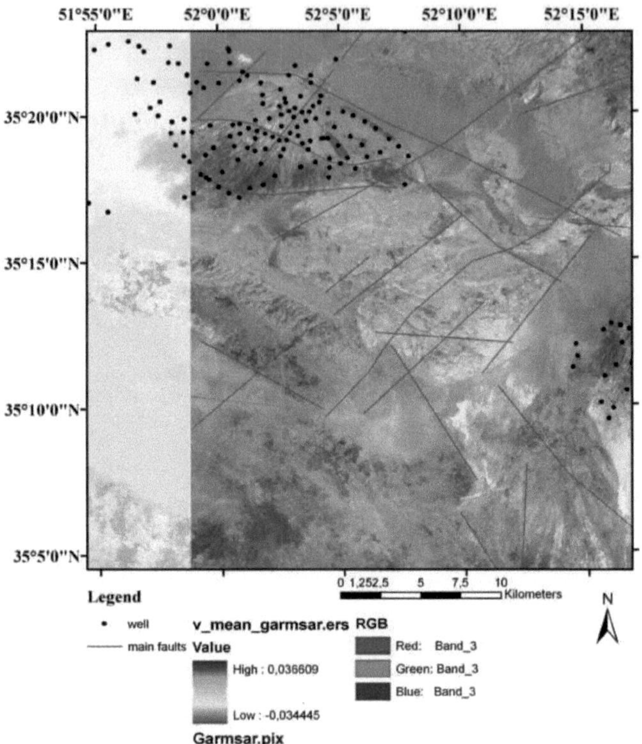

Fig. 9. Mapa da velocidade média de deslocação sobreposto à imagem ETM do Enhanced Thematic Mapper. Para explicação, ver legenda na Fig. 8.

Conclusão

Os resultados do presente estudo demonstram a capacidade da interferometria SAR para monitorizar as deslocações da superfície do solo a uma escala regional. As medições InSAR foram utilizadas para cartografar (e calcular as taxas de deslocação quase vertical) na área de Garmsar. Nove cenas ASAR (Advanced Synthetic Aperture Radar) adquiridas durante o período 2003-2005 foram utilizadas para identificar as principais áreas de subsidência e elevação nesta zona.

Estes interferogramas mostram diferenças de fase organizadas como padrões de franjas de cor para épocas que variam de 2 a 18 meses. A taxa de deslocação da superfície em toda a região varia entre uma subsidência de -40 a -50 mm/ano e uma elevação de 20 mm/ano.

Os efeitos sazonais mais evidentes são o facto de as terras agrícolas em torno do planalto de Eyvanekey diminuírem rapidamente no inverno e na primavera, quando são irrigadas pela extração de águas subterrâneas que não são reabastecidas ao mesmo ritmo. A superfície do planalto de Eyvanekey desce no início de cada ano e recupera durante o resto do ano. Atribuímos este facto à descida do lençol freático devido à extração de água subterrânea para irrigação.

A taxa de elevação é mais rápida na parte sul do planalto de Eyvanekey do que nas zonas mais a norte, enquanto as margens íngremes do planalto de Eyvanekey diminuem rapidamente.

A subsidência aumenta localmente ao longo de falhas sismicamente activas nas planícies que se pensa controlarem o fluxo de fluidos na região. Esta migração de fluidos é compatível com a diminuição do volume fraccionado dos materiais ao longo da falha e com a subsidência ao longo do seu traço superficial. As nossas análises de séries temporais indicam uma subsidência lenta em toda a área com efeitos sazonais menores.

As taxas máximas de subsidência (40-50 mm/ano) ocorrem a leste e a oeste do planalto de Eyvanekey, onde as terras agrícolas são irrigadas na primavera e no verão por poços que extraem águas subterrâneas pouco profundas. De 2003 a 2006, registou-se um aumento constante da taxa de subsidência nas terras agrícolas (fora do planalto salino).

Recentemente, o governo nacional começou a controlar a taxa de extração de águas subterrâneas no Irão, especialmente durante as estações secas. Os mapas InSAR, como o representado na Fig. 10, devem ajudar nessa gestão, distinguindo as áreas onde as taxas actuais de bombagem de água subterrânea excedem as taxas de recarga natural daquelas onde a mesma densidade de poços parece ser sustentável.

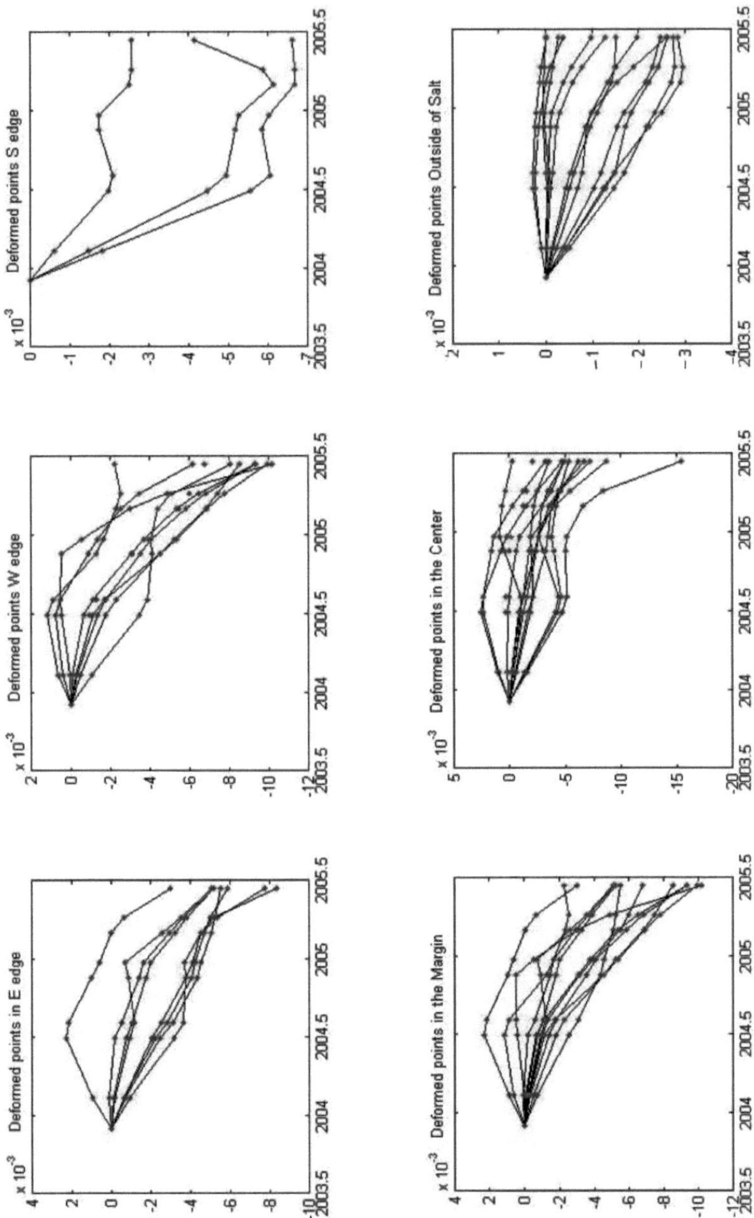

Fig. 10. Taxa de deformação (em m/ano) vs. tempo (em anos) extraída do mapa de velocidade média de deslocamento para partes da camada de sal e arredores delineadas na Fig.9. Os gráficos foram obtidos utilizando o software MATLAB. O título de cada gráfico mostra a localização dos pontos selecionados no mapa de velocidade média da Fig. 9. Todos os pontos foram selecionados aleatoriamente fora ou dentro da

camada de sal. Os pontos vermelhos representam 9 imagens acumuladas.

Agradecimentos

Gostaríamos de agradecer à Agência Espacial Europeia (ESA) pelo fornecimento dos dados ENVISAT, ao Serviço Geológico do Irão (GSI) pelo fornecimento do hardware e software e pelo apoio logístico durante a preparação e análise dos dados. Os meus agradecimentos especiais vão para o Departamento de Ciências da Terra da Universidade Goethe de Frankfurt. Gostaria de expressar a minha gratidão ao Prof. Christopher j. Talbot por ter organizado o trabalho e por me ter dado a possibilidade de trabalhar facilmente, tendo sempre disposto de tempo para explicar e resolver os meus problemas. Também beneficiámos muito com a Semnan Regional Water Company, que forneceu as localizações dos poços.

Referências

Amini, B., Rashid, H., 2005. Mapa geológico de Garmsar à escala 1:100000. Serviço Geológico do Irão, Teerão, Irão.

Baer,G., Schattner,U., Wachs,D.,(2002). O lugar mais baixo da Terra está a diminuir - Uma perspetiva InSAR (radar interferométrico de abertura sintética).

Bawden, G. W., Thatcher, W., Stein, R. S., Hudnut, K. W. e Peltzer, G. (2001). Contração tectónica em Los Angeles após a remoção dos efeitos da bombagem de águas subterrâneas, Nature, 412: 812- 815.

Berardino, P., Fornaro, G., Lanari, R., e Sansosti, E. (2002). A New Algorithm for Surface Deformation Monitoring Based on Small Baseline Differential SAR Interferograms. *IEEE Trans. On Geoscience and Remote Sensing,* 40: 2375-2383.

Biggs, J., Wright, T. (2004). Criação de uma série temporal de deformação do solo utilizando InSAR. Relatório científico, Departamento de Ciências da Terra, Universidade de Oxford.

Bruthans, J., Filippi, M., Gersl, M., Zare, M., Melkova, J., Pazdur, A., Bosak, P., 2006. Terraços marinhos do Holoceno em dois diápiros de sal no Golfo Pérsico (Irão): idade, história de deposição e taxas de elevação. Journal of Quaternary Science 2, 843-857.

Bruthans, J., Asadi, N., Filippi, M., Wilhelm, Z., Zare, M. 2007. Um estudo das taxas de erosão em superfícies de diapir de sal nas Montanhas Zagros, SE Irão. Geologia Ambiental 53, 1079-1089.

Fielding, E., et al. (1998). Rapid subsidence over oil fields measured by SAR interferometry" [Subsidência rápida sobre campos petrolíferos medida por interferometria SAR]. Geophys. R. L. 25(17):3215-3218.

Hudec, M.R., Jackson, M.P.A. 2006, Advance of allochthonous salt sheets in passive margins and orogens. Boletim AAPG 90, 1535-1564.

Hudec, M.R., Jackson, M.P.A. 2007. Terra Infirma: compreender a tectónica do sal. Earth Science Reviews 82, 1-28.

Jackson, M.P.A., Cornelius, R.R., Craig, C.H., Gansser, A., Stocklin, J., Talbot, C.J., 1990. Salt Diapirs of the

Great Kavir, Central Iran. Sociedade Geológica da América, Boulder 177.

Masson, F.; Sedighi, M.; Hinderer, J.; Bayer, R.; Nilforoushan, F.; Luck, J.-M.; Vernant, P.; Chery, J. 2002Deformação da superfície atual e movimento vertical no Alborz central (Irão) a partir de medições de GPS e gravidade absoluta. XXVII Assembleia Geral da EGS, Nice, 21-26 de abril de 2002, resumo #455.

Massonnet, D., e Feigl, K. L. (1998). Radar interferometry and its application to changes in the Earth's surface. Revisões de Geofísica, 36: 441- 500.

Motagh, M., et al. (2007). "Subsidência de terras no vale de Mashhad, nordeste do Irão: Results from InSAR, Leveling and GPS'. Geophysical Journal International 168:518-526.

Raucoules ,D., et al. (2007). Utilização da interferometria SAR para a deteção e avaliação da subsidência do solo". Geoscience, doi:10.1016/j.crte.2007.02.002. .

Safaei, H., 2001, Elastic diurnal movement of Masses of Tertiary salt extruded in north central Iran. Jornal de Ciências, República Islâmica do Irão. 12, No. 3, 241- 250.

Schleder, Z., Urai, J.L. 2006. Mecanismos de deformação e recristalização em zonas de cisalhamento mylonitic em sal-gema extrusivo Eoceno-Oligoceno naturalmente deformado do planalto de Eyvanekey e Garmsarhills (Irão central)

Talbot, C.J., 2000, Monitoring salt extrusions in Iran. PR não publicado para Geol. Surv. Irão, março de 2000.

Talbot, C.J., 2004, Extensional evolution of the Gulf of Mexico basin and deposition of Tertiary evaporite: Discussão. Journal of Petroleum Geology 27, 95-104.

Talbot, C.J., Jarvis, R. J., 1984: Age, budget and dynamics of an active salt 1812 extrusion in Iran. Journal of Structural Geology 6, 521-533.

Talbot, C.J., Medvedev, S., Alavi, M., Shahrivar, H., Heidari, E., 2000. Taxas de extrusão de sal em Kuh-e-Jahani, Irão: junho de 1994 a novembro de 1997, Geological. Society London Special Publications 174, 93-110.

Talbot, C.J., 1998. Extrusões de sal de Ormuz no Irão. Em: Blundell, D.J., Scott, A.C. (Eds.), Lyell; The Past is the Key to the Present. Geological Society Special Publications, vol. 143, pp. 315e334.

Talbot, C.J., em preparação. O planalto de Eyvanekey, um lençol de 20 x 10 km de sal alóctone perto de Garmsar.

Talbot, C.J., Aftabi, P., 2004. Geologia e modelos de extrusão de sal em Qom Kuh, no centro do Irão. Journal of the Geological Society 161, 32-334.

Talbot, C.J., Rogers, E.A., 1980. Movimentos sazonais num glaciar de sal no Irão. Science 208, 395e397.

Vernant, Ph., Nilforoushan, F., Chery, J Bayer, R., Djamour, Y. Masson, F., Nankali, H., Ritz, J.-F., Sedighi, M., e Tavakoli, F. 2004. Decifrar o encurtamento oblíquo do Alborz central no Irão utilizando dados geodésicos. Earth and Planetary Science Letters Volume 223, Issues 1-2, 30 de junho de 2004, Páginas 177-

185.

Vernant, P., Nilforoushan, F., Hatzfeld, D., Abbassi, M. R., Vigny, C., Masson, F., 2004. Present-day crustal deformation and plate kinematics in the Middle East constrained by GPS measurements in Iran and northern Oman, Geophysical Journal International, Volume 157, Issue 5, pp. 381-398.

Vita-Finzi, C., 1986. Movimentos recentes da Terra: An Introduction to Neotectonics. Academic Press, ISBN 0127223703, 9780127223704, 226 páginas.

Wenkert, D.D., 1979. The flow of salt glaciers, Geophysical Research Letters 6, 523-526.

Weinberger, R., Begin, Z.B., Waldman, N., Gardosh, M., Baer, G., Frumkin, A., Wdowinski, S., 2006. Quaternary rise of the Sedom diapir, Dead Sea basin, In Enzel, Y., Agnon, A., Stein, M., (Eds.) New frontiers in Dead Sea paleoenvironmental research: Geological Society of America Special Paper 401, 33-51.

Weinberger, R., et al. (2006). 'Modelação mecânica e medições InSAR da elevação do Monte Sedom, bacia do Mar Morto: Implicações para a viscosidade efectiva do sal-gema". Geochemistry Geophysics Geosystems, Q05014, doi: 10.1029/2005GC001185. 7.

O nappe salino de Garmsar e as inversões sazonais das falhas circundantes, visualizadas em interferogramas SAR, no Norte do Irão

O nappe salino de Garmsar e as inversões sazonais das falhas circundantes, visualizadas em interferogramas SAR, no Norte do Irão.

Shahram Baikpour[1] , Christopher Talbot [2]

1) Departamento de Geologia e Paleontologia, J. W. Goethe Universität, Frankfurt, Alemanha.

2) Laboratório Tectónico Hans Ramberg, Universidade de Uppsala, Suécia

Resumo

O sal alóctone do Terciário do nappe salino de Garmsar extrudiu-se a partir do ponto mais a sul da frente montanhosa de Alborz, deslocado pela falha de deslizamento de Zirab-Garmsar. Utilizámos onze imagens descendentes de Radar de Abertura Sintética Avançado (SAR), produzidas pelo satélite ENVISAT da Agência Espacial Europeia entre 2003 e 2006, para cartografar a deslocação da superfície em 23 incrementos que variam no tempo entre 30 e 2 meses.

Um interferograma SAR de 30 meses da área mostra que as dobras e falhas regionais estão activas bem a sul da frente da montanha, mas são amortecidas pelo sal alóctone que, de outra forma, está apenas a degradar-se a taxas que variam com a estação. Os interferogramas para épocas mais curtas mostram diferentes padrões de blocos de falhas nas rochas do campo que sobem e descem com as estações. Ao relacionar os deslocamentos de superfície mapeados nestes interferogramas com o registo sísmico contemporâneo, descobrimos que as falhas sísmicas reagem repetidamente enquanto a sua cinemática se inverte em escalas de tempo notavelmente curtas. As perturbações sísmicas propagam-se muito lentamente e as falhas são mais longas do que o esperado para sismos com ML<3.5, indicando que as deformações regionais são mais assísmicas do que o previsto por estudos anteriores.

Palavras chave: InSAR, nappe salina de Garmsar, dobras activas, inversões de falhas

Intrusão

Uma dobra em forma de V na cadeia montanhosa de Alborz aponta para sul, para a cidade de Garmsar, 100 km a sudeste de Teerão (Fig. 1A). O planalto de Eyvanekey situa-se 10 km a oeste de Garmsar, na periferia norte da bacia do Grande Kavir, no centro do Irão (Fig. 1B). Este planalto consiste num lençol de 20 x 10 x 0,3 km de sal alóctone do Terciário (NaCl) extrudido a partir do local onde a frente da Montanha Alborz, que avança para sul, é deslocada cerca de 9 km pela falha de deslizamento de ataque Zirab-Garmsar, com 200 km de comprimento e tendência NE-SW (Fig. 1A). Numa revisão recente dos milhares de lençóis de sal alóctones atualmente conhecidos em mais de 35 bacias sedimentares em todo o mundo, Hudec & Jackson, (2007) referiram-se a este lençol de sal como o nappe salino de Garmsar. Utilizaram o nappe salino de Garmsar para exemplificar um lençol de sal alóctone que extrudiu ao longo de impulsos frontais das Montanhas Alborz antes de sofrer um avanço de dedos abertos à medida que enormes jangadas do seu teto desmembrado colapsavam para a frente no sal (Fig. 1B).

Um estudo anterior do Radar Interferométrico de Abertura Sintética (InSAR) (Baikpour et al., 2010) centrou-se em interferogramas e análises de séries temporais da mesma área para épocas mais curtas (<18 meses). Eles estabeleceram que o nappe salino de Garmsar está agora essencialmente a definhar a taxas que variam com a estação. Aqui, começamos por utilizar um interferograma de 30 meses (Fig. 2) para relacionar o nappe salino de Garmsar com os seus antigos diápiros de origem e utilizamos as estruturas de deformação regionais para inferir que a camada de origem original pode ainda ser autóctone em grandes partes da área. Em seguida, olhamos novamente para os interferogramas para épocas mais curtas e notamos que a cinemática de algumas das falhas parece inverter-se 3 vezes em 18 meses.

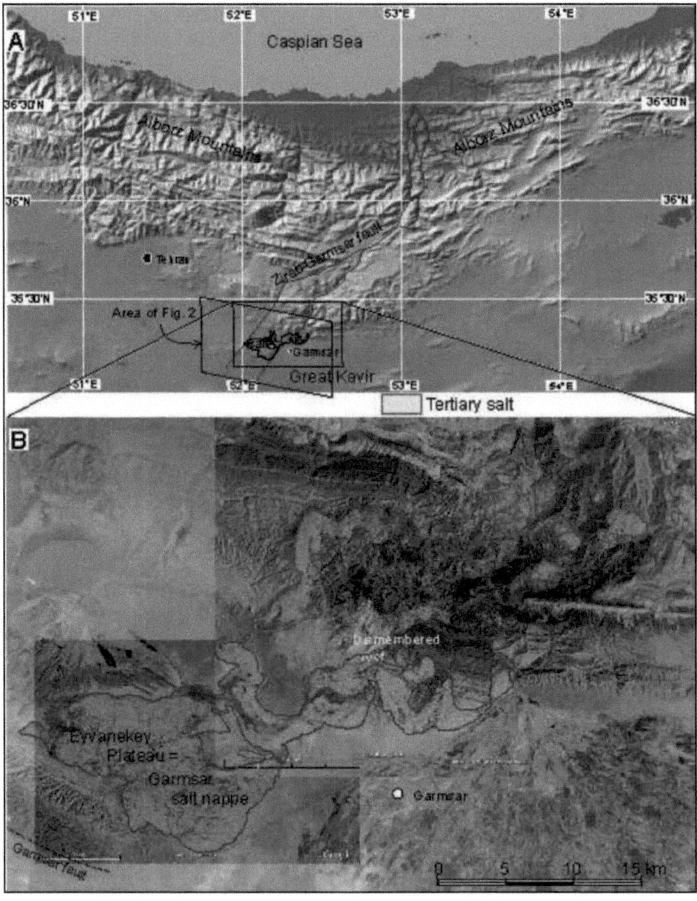

Fig. 1. Localização do nappe salino de Garmsr, onde a frente montanhosa de Alborz é deslocada pela falha de

Zirab-Garmsar num mapa de relevo da GeoApp.

Metodologia e dados InSAR

Com a sua ampla cobertura espacial (~10^4 km^2), resolução espacial fina (~10^2 m^2) e elevada precisão (~1 cm), a análise interferométrica de imagens SAR (InSAR) tornou-se uma técnica generalizada e valiosa para cartografar deslocamentos subtis da superfície do solo (por exemplo, Zebker e Goldstein 1986; Gabriel et al., 1989; Massonnet e Feigl, 1998, Fielding *et al.* 1998).

O InSAR utiliza as diferenças de fase entre duas imagens SAR da mesma área adquiridas em momentos diferentes para mapear o deslocamento da superfície na linha de visão (LOS) do satélite com uma precisão de alguns mm. A mudança de fase no interferograma é o composto de informações topográficas, deslocamento de superfície entre as duas aquisições, atraso atmosférico e ruído. Uma geração InSAR bem sucedida requer a remoção da contribuição da fase topográfica para isolar a componente de deslocação do solo.

A componente atmosférica deve-se principalmente a flutuações no teor de água da atmosfera entre o satélite e o solo. Não foi possível aplicar software (por exemplo, Zhenhong et al., 2006) para corrigir os gradientes de humidade atmosférica conhecidos porque não são conhecidos, um problema que abordamos em pormenor.

Os dados para este estudo foram recolhidos pelo satélite ambiental ENVISAT da Agência Espacial Europeia (ESA), que tem um ciclo orbital normal de 35 dias. Este satélite captou imagens da área de estudo (delineada na Fig. 1) com uma resolução espacial de 100 m entre dezembro de 2003 e fevereiro de 2006.

A figura (2) é um interferograma utilizando duas imagens ENVISAT descendentes adquiridas em 2003.08.19 e 2006. 02.14. As figuras 3 e 4 baseiam-se nas nove cenas descendentes do radar avançado de abertura sintética (ASAR) da faixa 106 (Quadro 1) com linhas de base < 500 m produzidas pelo ENVISAT de agosto de 2003 a fevereiro de 2006. Os interferogramas diferenciais resultantes mapeiam o deslocamento da superfície ao longo de 24 épocas que variam de 30 a 2 meses. Também relacionamos os deslocamentos de superfície mapeados nestes interferogramas com registos fiáveis de sismicidade contemporânea.

Utilizámos o método de duas passagens (Massonnet e Feigl 1998) e o software GAMMA fornecido pelo Remote Sensing Group, Geological Survey of Iran para gerar interferogramas de mudança para diferentes intervalos de tempo (épocas) que variaram entre 35 e 385 dias entre dezembro de 2003 e junho. Em vez de utilizar os dados primários para gerar o nosso próprio Modelo Digital de Elevação (DEM), utilizámos o DEM fornecido pela NASA Shuttle Radar Topography Mission (SRTM) com uma resolução espacial de 90 m (http://srtm.usgs.gov) para remover a contribuição da fase topográfica e geocodificar os interferogramas.

Cada franja de cor mapeia o contorno do deslocamento da superfície LOS equivalente a metade do comprimento de onda do radar, que é de 28 mm para o satélite ENVISAT SAR. Como todas as nossas cenas são de trajectos descendentes de satélites, não podemos distinguir os componentes verticais e horizontais separadamente e, por isso, relatamos todos os deslocamentos de superfície ao longo da linha de visão (LOS) do satélite ENVISAT que, para trajectos descendentes de satélites, é de 23° da vertical para Este, de modo que, no caso de movimento vertical puro, uma franja representa 31 mm de deslocamento.

O software MATLAB foi utilizado para produzir mapas que mostram a *velocidade* média de deslocação (aqui em mm a-1 mesmo para épocas tão curtas como 35 dias)

Data	Pista	Órbita	Dias	Linha de base (m)
02 12 2003	106	3507	245	364
10 02 2004	106	4509	315	318
29 06 2004	106	6513	455	-310
03 08 2004	106	7014	490	518
16 11 2004	106	8517	595	76
21 12 2004	106	9018	630	274
01 03 2005	106	10020	700	418
05 04 2005	106	10521	735	-15
14 06 2005	106	11523	805	413

Quadro 1. Pormenores das nove imagens ENVISAT ASAR descendentes da ESA

Cenário geológico

O Alborz e o planalto central do Irão

O graben extensional do Triássico tardio, agora no centro-sul do Alborz, inverteu-se em impulsos quando o fecho do Neo-Tethys acrecentou o bloco iraniano à Eurásia no Paleoceno (Zanch et al., 2006). Estes impulsos transportaram rochas do Pré-Cambriano ao Terciário, geralmente para SSW, na faixa de montanhas de Alborz, sem raízes, com 3-5 km de altura e 3000 x 100 km, através do norte do Irão (Alavi, 1996). As falhas e dobras de empuxo E-W, que indicam a transpressão do Cenozoico tardio, foram seguidas por falhas de deslizamento lateral à direita E-W associadas a grandes dobras de tendência ENE-WSW e falhas de empuxo ESE-WNW a SE-NW e falhas de deslizamento lateral à esquerda, algumas das quais inverteram algumas das falhas anteriores E-W de tendência lateral à direita (Zanch et al., 2006).

As Montanhas Alborz acomodam agora a convergência N-S entre o Irão central e a Eurásia e o movimento NW da Bacia do Cáspio do Sul em relação à Eurásia (Ritz et al., 2006). Estes movimentos resultaram num cisalhamento lateral esquerdo para a transpressão NNE-SSW nos últimos 5 ± 2 Ma. Este encurtamento oblíquo está dividido ao longo de falhas de deslizamento e de impulso paralelas à esquerda que mergulham para dentro a partir das margens da cordilheira (Allen et al., 2003). O encurtamento ao longo da cordilheira na longitude de Teerão é de ~30 km (25-30%) apesar da espessura crustal de ~35 km, que é semelhante à das bacias adjacentes. Guest et al., (2007) estimaram que a bacia central iraniana respondeu à colisão Arábia-Eurásia com uma subsidência de 3-6 km até à sua atual elevação de cerca de 1 km acima do nível do mar desde o Miocénico médio.

Os primeiros estudos com GPS sugerem que as montanhas centrais de Alborz estão a subir a ~10 mm a^{-1} ao longo das principais falhas (Masson et al., 2005). Estudos posteriores com GPS indicam um encurtamento aproximadamente N-S em todo o Alborz a 8 ± 2 mm a^{-1} (Vernant et al., 2004). O cisalhamento lateral esquerdo ocorre ao longo de falhas de deslizamento de baixa fricção E-W dentro do cinturão a uma taxa de 4 ± 2 mm a^{-1} (Vernant et al., 2004). A deformação estende-se para sul, para além da frente da montanha, mas os blocos crustais do Irão central são relativamente assísmicos e encurtam N-S em <2 mm a^{-1} (Vernant et al., 2004). Os eixos dos tensores de taxa de deformação sísmica no Alborz são semelhantes aos deduzidos a partir do campo de velocidade GPS. As montanhas de Alborz têm sido caracterizadas por grandes terramotos históricos regulares, e a comparação das taxas de deformação sísmica e geodésica indica que 30-100% da deformação total é sísmica em zonas de elevada deformação de Alborz (em comparação com <5% nas montanhas de Zagros, onde os terramotos são menores: Masson et al., 2005).

Resultados

Estruturas regionais

A Figura 2 é o interferograma achatado para a época mais longa (30 meses) e foi incluída como dados suplementares com Baikpour e al., (2010). Uma desvantagem de uma época tão longa é o facto de os sinais serem incoerentes em grandes partes dos leques aluviais facilmente perturbados que fazem fronteira com as montanhas de Alborz. Esta perda de sinais coerentes é provavelmente induzida pela vegetação e por alterações caóticas nas condições do solo devido a alterações na água próxima da superfície, ao cultivo e à instabilidade dos declives. Como a linha de base para este interferograma foi uma das mais curtas < 10 m, esta perda de coerência deveu-se principalmente ao facto de esta época de 30 meses ser a mais longa.

A vantagem de um interferograma deste tipo é que a época foi suficientemente longa para que os sinais que registam os deslocamentos diferenciais da superfície se acumulassem coerentemente em grandes áreas de rocha e sal. A escala de cores da Fig. 2A mostra as deslocações da superfície ao longo dos 30 meses em mm) e foi traduzida para mm a^{-1} na Fig. 2B. Sobrepusemos a nossa interpretação do que consideramos serem as estruturas de deformação mais importantes na Fig. 2B.

Estas são dobras activas com eixos paralelos à Frente da Montanha de Alborz, compensadas por falhas com tendências quase perpendiculares à frente.

A tendência geral do Alborz é WNW-ESE a oeste da Falha de Zirab-Garmsar (ZGF, a roxo nas Figs. 1A e 2b) e SW-NE a leste. As duas vertentes que interpretamos para a ZGF na Figura 2B diferem da interpretação apresentada na Fig. 2 por Baikpour et al., (2010). As vertentes oriental e ocidental do ZGF delimitam um corredor SW-NE ao longo da Figura 2B que inclui o nappe salino de Garmsar e separa estruturas com diferentes espaçamentos a oeste e a leste. Os eixos de dois grandes anticlinais que se elevaram a >9 mm a^{-1} alternam com sinclinais que se afundaram a mais de >3 mm a^{-1} em ambos os lados deste corredor. Estes são deslocados dextralmente pelos mesmos 9 km citados por Baikpour et al. (2010), mas ao longo da vertente ocidental da ZGF aqui apresentada.

Os comprimentos de onda das dobras são de cerca de 20 km a oeste, mas diminuem abruptamente para cerca de 8 km ao longo da vertente ocidental do ZGF e do corredor de nappe salino e são de cerca de 6 km a leste. As dobras de comprimento de onda curto (<10 km) nas rochas do país indicam provavelmente dobras de pele fina que se desprendem sobre sal autóctone pouco profundo a oeste, sul e leste da ZGF.

Do mesmo modo, o espaçamento de cerca de 20 km entre falhas a oeste da vertente ocidental da ZGF diminui para cerca de 6 km a leste. Algumas vertentes da ZGF são paralelas ou coincidem com as margens de sal à superfície mas, em geral, as cores da Fig. 2 têm muito pouca relação com o sal. Em vez disso, estão relacionadas com as dobras e falhas que se estendem bem a sul da frente da Montanha de Alborz (Vernant et al., 2004). Assim, a maior parte da borda norte do nappe salino de Garmsar afunda-se nos sinais incoerentes do sinclinal de Eyvanekey e a borda oriental sobrepõe-se a partes de dois duplexes de deslizamento de ataque ao longo da vertente oriental da ZGF.

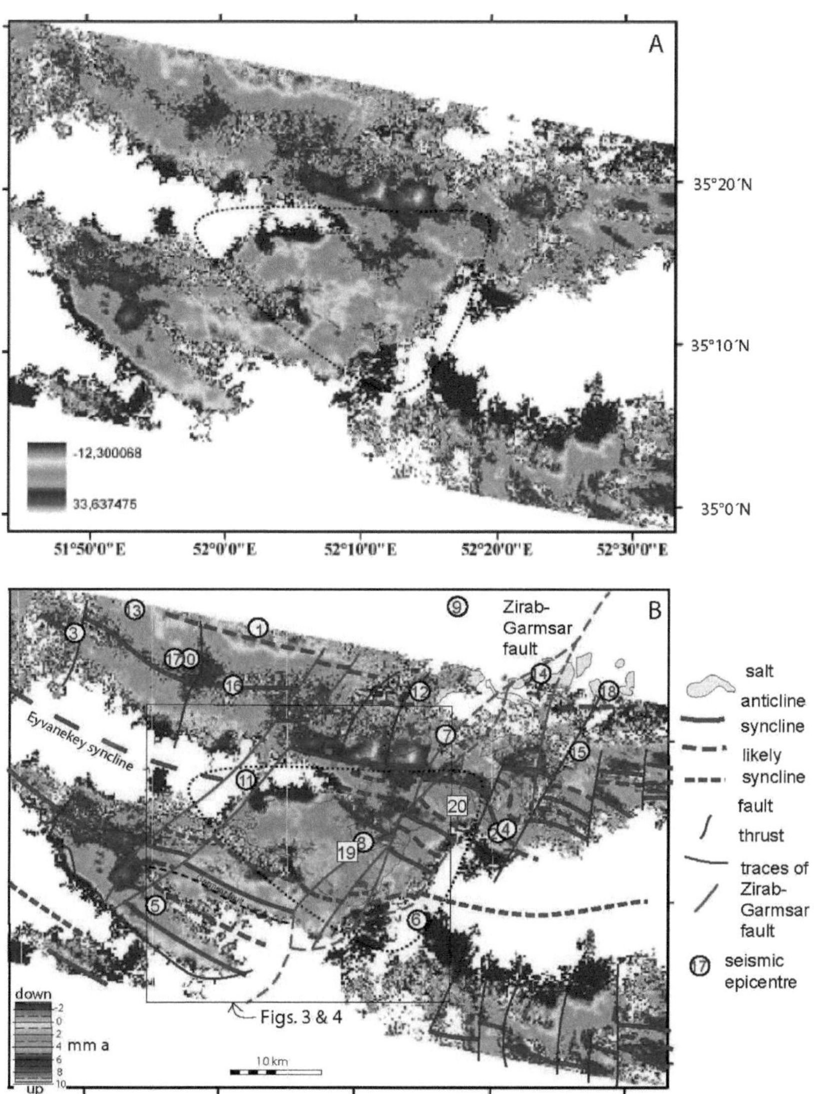

Fig. 2. A. Interferograma não envolto ou achatado para a época de 30 meses, de 19.08.2003 a 13.02.2006 (Do URL: http://www.geolsoc.org.uk/SUP18383 . As áreas brancas representam interferência incoerente entre pixéis equivalentes no par de imagens. As cores referem-se à deslocação da superfície na linha de visão do satélite. As minhas linhas azuis e púrpura indicam traços de falhas ao longo de diferenças de cor abruptas e as linhas vermelhas indicam os eixos de dobras activas com gradientes de cor mais suaves.

Algumas das subidas mais rápidas nas rochas do país ocorrem atrás de um impulso no canto SW e onde a frente da montanha de Alborz está a subir a parte de trás do antigo telhado fragmentado e deslocado do sal agora no nappe Garmsar. Os diápiros que ainda se encontram a extrudir ao longo da frente da montanha de Alborz provavelmente abasteceram o nappe salino de Garmsar no passado. No entanto, um rio erodiu uma lacuna (pós-emplacement?) entre o sal destes diápiros e o que é agora essencialmente sal alóctone estático. Esta lacuna levanta a possibilidade de o nappe ter extrudido a partir da falha Zirab-Garmsar, bem como da frente da montanha.

Há muito poucas evidências que possam indicar que o GSN ainda está a ser abastecido por novo sal a partir da profundidade. Os gráficos da taxa de deformação em função do tempo para os cerca de 50 pontos com localizações não especificadas no GSN (fig. 10, Baikpour et al., 2010) indicam que 8 aumentaram até 2,5 mm a^{-1} no verão de 2004 e 6 aumentaram quase tão rapidamente no inverno de 2005. No entanto, é notável nas Figs. 6-9 que a extremidade proximal do nappe salino só subiu nos 140 dias de junho a novembro de 2004, quando o sal alóctone distal também subiu (fig. 7D). Por outro lado, partes significativas do GSN só subiram (até 2,5 cm nos 70 dias de inverno de dezembro de 2003 a fevereiro de 2004 (Baikpour et al., fig. 7e). Estes autores sugerem que o sal pode ter subido para a cabeça do lençol salino de Eyvanekey e fluído para SW, espalhando-se por gravidade a partir de um eixo NE - SW. No entanto, as mesmas deslocações superficiais poderiam, alternativamente, ser atribuídas à expansão do sal quando estava húmido e à sua contração quando estava seco. Em geral, o topo do sal extrudido baixou continuamente a taxas que se relacionavam amplamente com a precipitação (Baikpour et al., 2010, ver também Aftabi et al., 2010).

Poucas falhas nas rochas do campo extrapolam para o nappe salino de Garmsar, com 300-200 m de espessura, enfatizando a sua natureza dúctil. Em contraste, as dobras nas rochas do campo extrapolam de facto o nappe salino, mas são notavelmente mais moderadas (Fig. 2). Uma interpretação óbvia é que o sal alóctone dúctil no corredor SW-NE amortece as dobras regionais activas nos leitos rochosos subjacentes.

O mapa de relevo (Fig. 1) sublinha que os anticlinais com falhas a oeste e a sudoeste do nappe salino de Garmsar estão expostos no leito rochoso. No entanto, o mesmo anticlíneo principal que está a dobrar à medida que falha para sudeste parece afetar a superfície do deserto (provavelmente de uma forma demasiado subtil para ser reconhecível no campo).

Interferogramas para épocas mais curtas

A Figura 3 repete os interferogramas diferenciais para 5 épocas entre 70 dias e 18 meses de (Baikpour et al., 2010). Atenção, as escalas de cores nas Figuras 3 e 4 são quase invertidas em comparação com as da Fig. 2. Baikpour et al., (2010) atribuíram as diferenças de cor nas Figs. 3B-E a efeitos sazonais e estavam, sem dúvida, corretos quando se correlacionam com o sal que se expande ao molhar (Figs. 3C, E) e encolhe ao secar (Figs. 3B, D). No entanto, adoptamos aqui outra abordagem e exploramos o conceito de que os padrões gerais em cada época são mais susceptíveis de indicar blocos de falhas activos do que áreas sujeitas a diferentes precipitações. Consequentemente, as transições abruptas de cor são interpretadas como os traços superficiais de falhas activas (linhas pretas nas Figs. 3 & 4).

A caraterística mais significativa da Fig. 3 é o facto de diferentes padrões de blocos de falhas subirem e descerem nas várias épocas. Os padrões estruturais aparentes nos interferogramas das Figs. 2 a 4 mudam visivelmente à medida que as épocas diminuem, apesar de a mesma topografia ter sido removida de todas elas. Em geral, a ênfase muda de dobras com falhas, que é clara ao longo de 30 meses (Fig. 2), para diferentes padrões de blocos de falhas à medida que as épocas diminuem para 18 meses (Fig. 3A) e 70 dias (Figs. 3B & E). As Figuras 3 e 4 sublinham uma ocorrência comum nas rochas continentais: em vez de se desenvolverem novas falhas, muitas falhas antigas são repetidamente reactivadas.

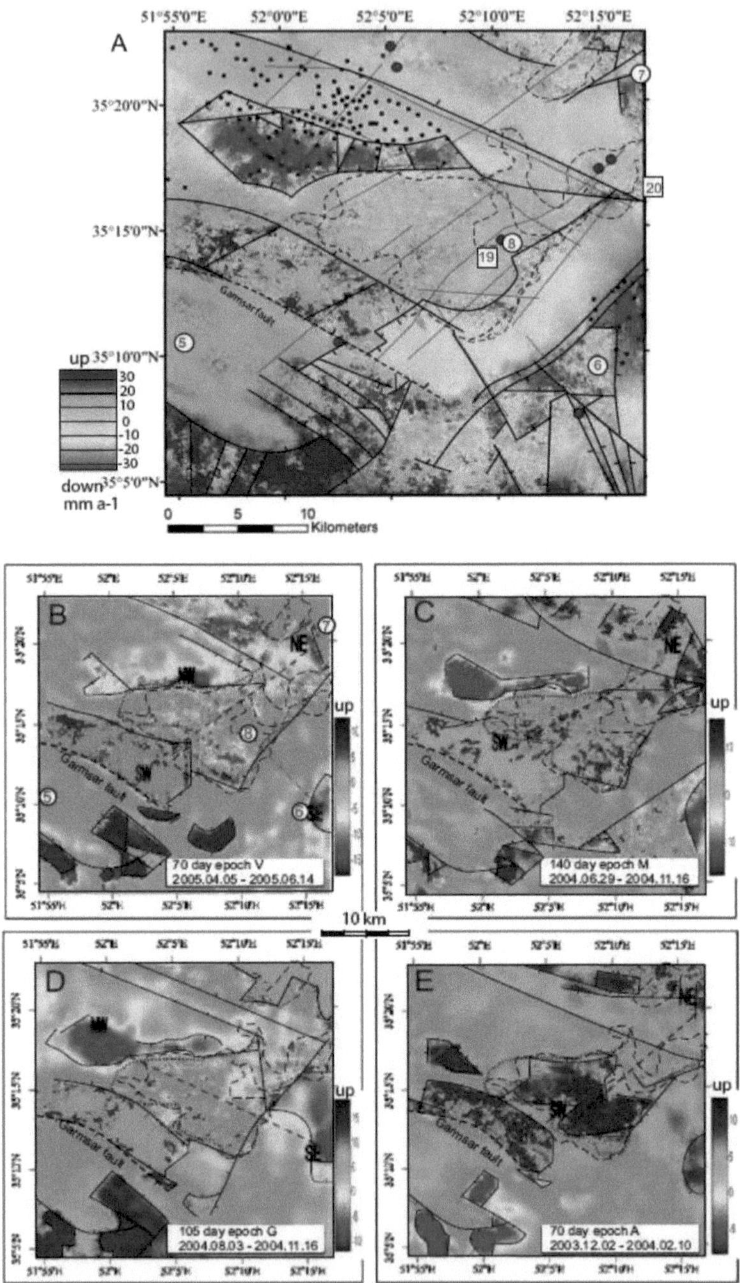

Fig. 3 Um mapa de "Velocidade média de deslocação" para a época de 2 de dezembro de 2003 a 14 de junho de 2005 da fig. 8 de Baikpour et al., (2010). Atenção, as escalas de cores nas Figs. 3 e são quase invertidas em

comparação com as da Fig. 2. Os círculos azuis preenchidos indicam epicentros de terramotos com magnitude (mb) 2 e 3 de 2003 a 2006 (do catálogo IIEES). Acrescentei mais linhas tracejadas para delinear o sal à superfície, reescalonei a barra de velocidade para mm a^{-1} e interpretei as falhas activas em cada época como linhas pretas pesadas. (B-E) Quatro interferogramas diferenciais escolhidos para mostrar os efeitos sazonais por Baikpour et al., (2010) na sua fig. 6. A duração e as datas das épocas marcadas são indicadas. A escala das barras de cor está em centímetros.

As escalas de cores para cada época representada nas Figs 3B-E (= fig. 6 em Baikpour et al., 2010) foram traduzidas em cm a^{-1}, apesar de a época mais longa ser de 140 dias, enquanto a escala de cores para a Fig. 3A (= fig. 8 em Baikpour et al., 2010) é a *taxa* média de deslocação em mm a^{-1}. Esta diferença intensifica as deslocações mostradas na Fig. 3B-E em comparação com a Fig. 3A. Aparecem mais falhas no interferograma para a época mais longa (Fig. 3A) do que para as épocas mais curtas (Figs. 3B-E).

Os interferogramas da Fig. 4 foram escolhidos para mostrar deslocamentos de falhas em épocas específicas (a Figura 5 relaciona os tempos e as sobreposições das épocas). As Figs. 4V e A mostram expressões diferentes dos mesmos dados para as mesmas épocas como mostrado nas Figs. 3B e E. As suas escalas de cores diferem porque as da Fig. 4A e V são o deslocamento da superfície nestas duas épocas de 70 dias enquanto as da Fig. 3E mostram os mesmos dados traduzidos em *taxas* de deslocamento da superfície em cm/ano.

As taxas diferenciais mostradas nas Figs. 3B e E exageram muito os deslocamentos diferenciais mostrados nas Figs. 4V e A.

Sismos e falhas nas Figs. 3 e 4

O boletim compilado pelo Centro Sismológico Iraniano no Instituto de Geofísica, Universidade de Teerão (irsc.ut.ac.ir/) foi pesquisado para eventos sísmicos de terramotos que ocorreram na área de estudo e na época. Esta pesquisa revelou 180 eventos registados pela rede regional de Teerão de estações sísmicas locais de curto período. No entanto, a maioria destes eventos tem uma localização muito incerta. O Dr. Mohammad Tartar, do Instituto Internacional de Engenharia Sísmica e Sismologia (IIEES), reduziu a lista inicial a 20 eventos com epicentros dentro da rede sísmica listada na Tabela 2, localizada na Fig. 2 e representada na Fig. 5. A maioria destes eventos foi registada por pelo menos 5 estações (incluindo 4 P e 1 S), com uma incerteza horizontal e vertical na localização de <5 km, uma diferença de azimute nos sinais recebidos de <180°, e erros horizontais e verticais médios para os epicentros de 0,8 e 2,4 km, respetivamente. Os erros de profundidade para os eventos 19 e 20 foram de 7,4 e 26,9 km, respetivamente. Infelizmente, todos estes eventos razoavelmente bem localizados seguiram-se a uma atualização da rede, pelo que nenhum ocorre nas primeiras 8 épocas, A-H (Fig. 5).

Os vinte epicentros de pequenos terramotos (MN 1.1 a 2.6) (Tabela 2) que ocorreram na área de estudo durante a época de 30 meses, estão perto de uma ou outra das falhas na Fig. 2. Somente seis eventos caíram dentro da área e época representadas na Fig. 3A e somente 4 na Fig. 3B. Não há soluções cinemáticas disponíveis para nenhum destes eventos.

Três pares de terramotos de magnitude semelhante ocorreram dentro de um dia um do outro. Os abalos 2 e 3 ocorreram a 18 minutos e 51,5 km de distância, a profundidades de 25,65 e 15 km, respetivamente, ao longo da greve das montanhas de Alborz. Qualquer perturbação de ligação percorreu 51,5 km em 18 minutos= 2,86 km min^{-1}

Os abalos 7 e 8 foram de magnitude e profundidade semelhantes e ocorreram a 121 minutos e 20 segundos e a 15 km de distância (perpendicularmente ao Alborz), o que implica que qualquer perturbação de ligação percorreu 15 km em 7260 s= 21 cm s^{-1}.

Os abalos 19 e 20 ocorreram com 320 minutos e 13,4 km de distância (também perpendiculares ao Alborz), o que implica que qualquer perturbação que se deslocasse entre eles se movesse a ~70 cm s^{-1}. Todas as três velocidades aproximadas de perturbação são muito lentas em comparação com as fracturas frágeis que se espera que se propaguem a km s^{-1}

Os eventos 7 e 8 tiveram uma profundidade de 19 e 21 km com epicentro a NW das vertentes da ZGF. As profundidades dos pares de eventos 19 e 20 são pouco conhecidas, mas os seus epicentros estão também próximos da ZBF (Fig. 2), sugerindo que a ZGF é sub-vertical e tem raízes profundas.

Espera-se que os raios das superfícies de deslizamento sísmico sejam cerca de 10^4 vezes os deslocamentos ao longo delas (Slunga 1991). O maior deslocamento ao longo de prováveis traços de falha na área de estudo é de ~16 mm (Fig. 4). Isto implica que as superfícies de deslizamento têm raios próximos de 160 m perto dos hipocentros a profundidades entre 9 e 25 km. No entanto, os lineamentos activos na área têm entre 1 e 32 km de comprimento (Fig. 4). Muitas das falhas que parecem ter-se movido são portanto muito mais longas do que se espera de terramotos tão pequenos.

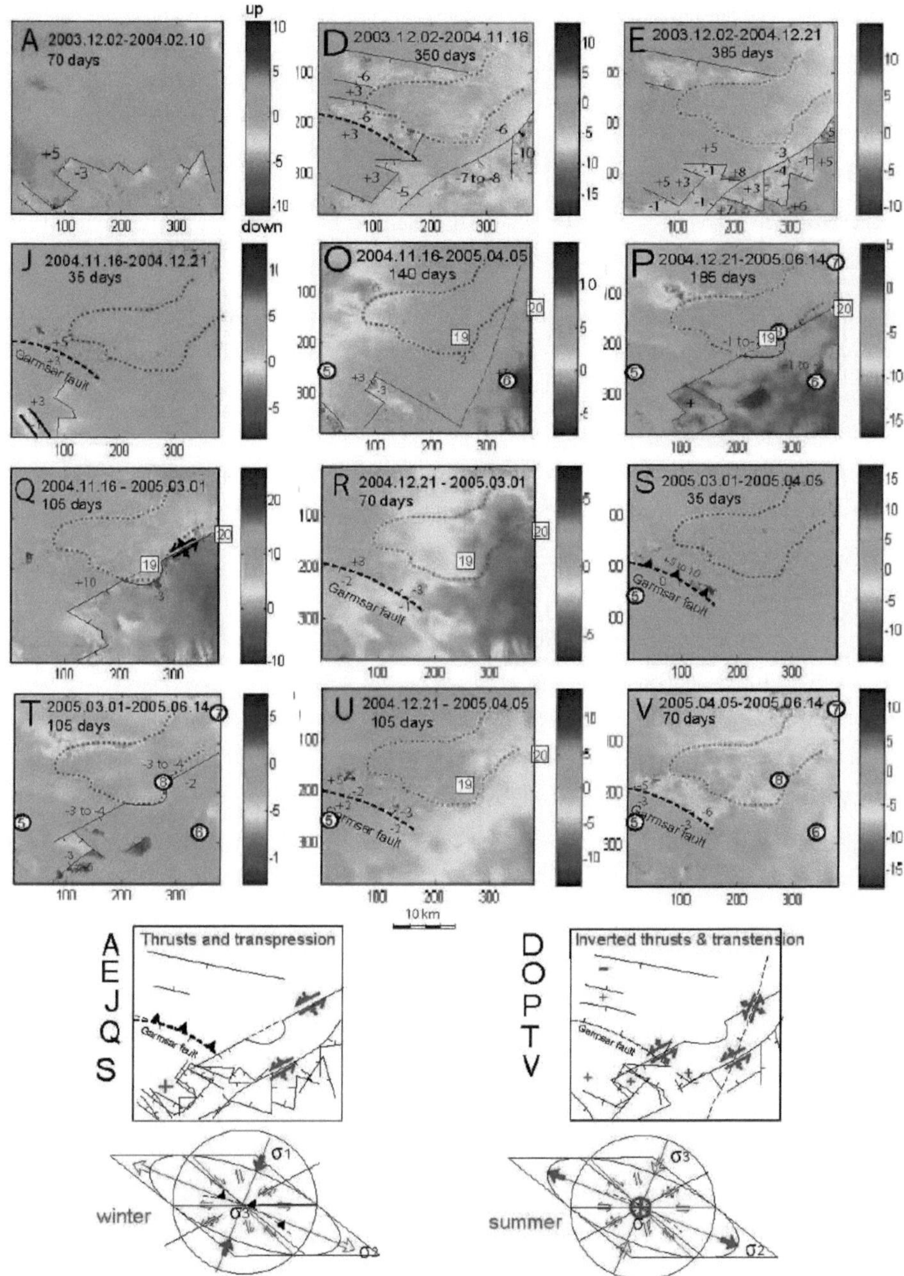

Fig.4. 12 interferogramas diferenciais não embrulhados gerados a partir dos dados da ESA listados na Tabela 1. Os rótulos correspondem aos da Tabela 2 que lista as datas e as linhas de base perpendiculares das épocas

que variam em comprimento de 35 a 385 dias. A linha vermelha a tracejado delimita o nappe salino de Garmsar. As barras coloridas estão em unidades de mm durante cada época. As linhas pretas indicam falhas e os círculos e quadrados brancos representam os epicentros dos sismos activos em cada época (e listados na Tabela 2).

Inversões de falhas

Aparecem padrões diferentes nos interferogramas da Figura 4, embora a mesma topografia tenha sido removida de todos eles.

Existem elementos em comum nos diferentes padrões de falhas reconhecíveis na Fig. 4. Os dois interferogramas que parecem mais susceptíveis de registar a deslocação superficial da mesma falha são os das épocas P e Q. A maior parte do principal lineamento SW-NE nas Figs. 4P e Q é retilíneo e localmente coincidente com a margem oriental do nappe salino de Garmsar e estende-se mais para sul. No entanto, faz uma dobra conspícua em torno do canto SE do nappe, sugerindo que a deslocação da falha parou na base da camada de sal. No entanto, enquanto os deslocamentos de superfície na Fig. 4P sugerem que a parede de suspensão desta falha estava a NW, em contraste marcado, os da Fig. 4Q sugerem uma parede de suspensão a SE.

A falha de Garmsar de tendência NW-SE (Amini & Rashid, 20005) também inverte. Apresentada como uma linha tracejada pesada em todas as nossas Figuras em que parece que a falha de Garmsar coincide com uma quebra local no declive (Fig. 1). Esta falha é impercetível na Fig. 2, mas é paralela a uma falha muito mais óbvia, não nomeada, de mergulho para norte, 9 km mais a sul. A parede de suspensão da falha de Garmsar está a norte em 7 épocas (A, F, J, N, Q, R, & S) mas a sul noutras 7 épocas (B, C, D, G, M, P, T, & V). Quaisquer movimentos da mesma falha parecem ter sido insignificantes noutras 8 épocas (E, H, I, K, L, N, O & U). Ou duas falhas com cinemática inversa têm traços coincidentes ou, mais provavelmente, o bloco norte subiu em relação ao bloco sul da mesma falha de dezembro de 2003 a meados do verão de 2004 e de novembro de 2004 até à primavera de 2005, mas inverteu-se nos meses intermédios (Fig. 5). A última destas três inversões parece ter sido captada em interferogramas para as épocas R e U, quando os deslocamentos relativos ao longo da falha de Garmsar se inverteram ao longo do seu ataque e indicam diferentes fases de um movimento tipo tesoura (Figs. 4R e U e Fig.5). O bloco norte da falha de Garmsar é topograficamente mais alto do que o bloco sul (Fig. 1B), o que implica que os incrementos do lado norte são geralmente maiores do que os incrementos do lado sul, de modo que os movimentos do bloco se acumulam para tornar a falha de Garmsar um impulso de longo prazo.

O dobramento, as taxas lentas em que as perturbações sísmicas parecem ter-se propagado entre epicentros no mesmo dia, comprimentos de falhas activas mais longos do que o esperado para terramotos tão pequenos, e deslocamentos que variam em valor ao longo de um ou ambos os lados de muitas falhas, tudo indica que a deformação assísmica é significativa na área. Apesar de estar numa região sujeita a muitos pequenos terramotos, estas descobertas apontam para uma componente muito maior de deformação dúctil do que os 50 a 100% da deformação total sendo sísmica sugerida como típica do Alborz por Jackson e McKenzie (1988) ou os 30 a 100% sugeridos por Masson et al. (2005).

Discussão

Estamos cientes de que os interferogramas para épocas tão curtas como as que mostramos aqui são vulneráveis a mudanças na humidade da atmosfera (que são frequentemente consideradas aleatórias). No entanto, várias relações sugerem que estão envolvidos efeitos mais fundamentais. As mudanças de cor que interpretamos como falhas são demasiado bruscas para serem devidas às condições atmosféricas e devem registar diferenças nos movimentos do solo. Estas podem, por sua vez, refletir variações nas condições do solo, mas a estreita associação de muitas delas a falhas sismicamente activas (Fig. 2) sugere o contrário.

O lineamento que coincide com a margem oriental do GSN, mas que faz uma curva conspícua no seu canto SE (Figs. 4P, Q), sugere não só que a deslocação da falha parou na base da camada de sal, mas também assinala os efeitos de processos geológicos e não atmosféricos.

A maior parte destas falhas são mais claras do que a maioria das identificadas em interferogramas do pavimento em declive do vale de Kasmar no NE do Irão por Anderssohn et al., (2008). Para além disso, são suficientemente sistemáticas para se poder especular sobre a cinemática e mesmo sobre a sua dinâmica.

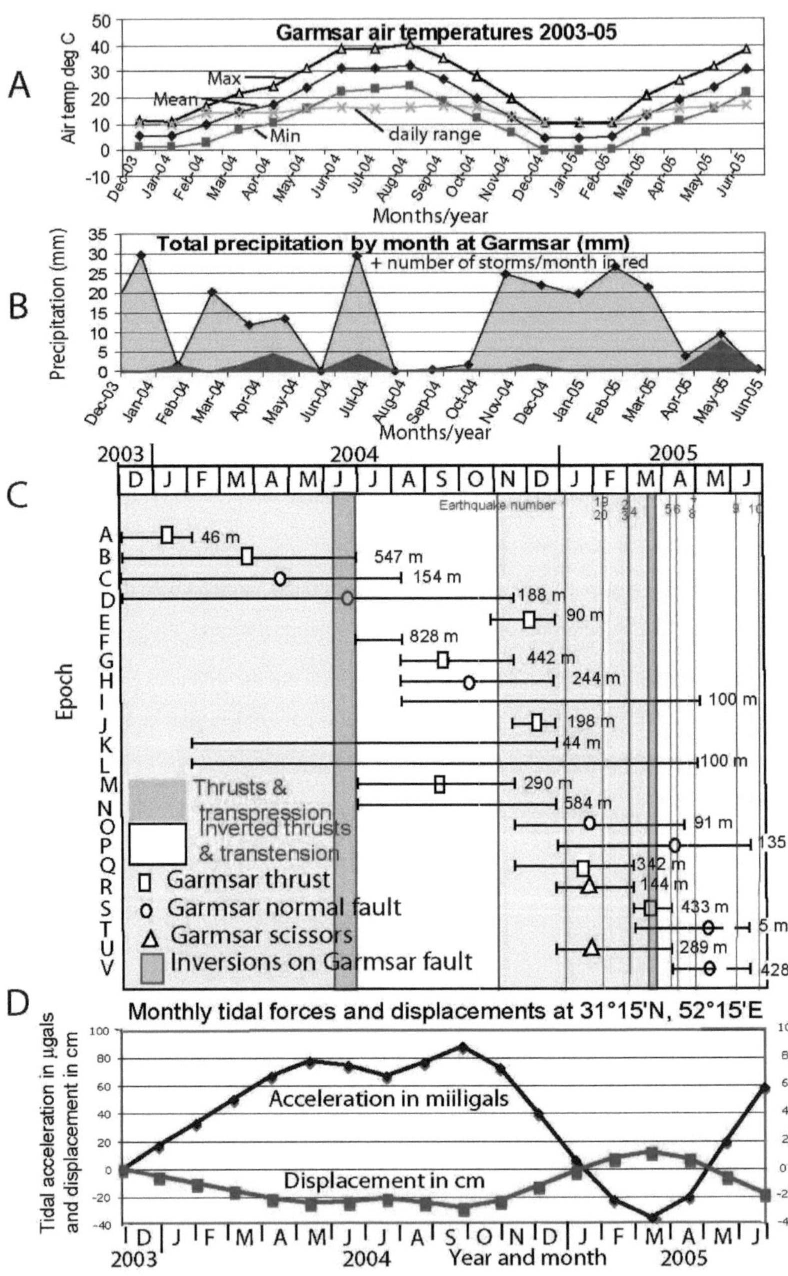

Fig. 5. Comparação das condições meteorológicas, sismos, aceleração das marés e deslocações por mês para época InSAR da Fig. 3A. A. Temperaturas máxima, mínima e média com variação diária. B. Precipitação total

(a azul) e número de tempestades por mês (a vermelho) (A & B: dados da estação de Garmsar na província de Semnan da Organização Meteorológica do Irão. C. Vinte e duas épocas InSAR (A-V) com linha de base em metros. Terramotos da Tabela 2 em linhas verticais finas. Os símbolos com chave nas épocas indicam a interpretação apresentada na Fig. 4, que conduz ao sombreado de fundo para as deslocações das falhas de transpressão ou transtensão. D. Forças de maré (em miligal) e deslocamentos (em cm) para o intervalo de tempo relevante (De http://www.taygeta.com/)

Devido aos potenciais efeitos atmosféricos, prestamos pouca atenção aos valores dos desvios locais ou às suas taxas ao longo das falhas (listados ao lado deles nas Figs. 3 e 4). No entanto, estamos impressionados com as suas variações qualitativas ao longo das falhas e, em particular, com as suas aparentes inversões de época para época.

As falhas separam frequentemente unidades com propriedades mecânicas diferentes, pelo que a deformação diferencial da superfície ao longo das mesmas pode registar propriedades mecânicas diferentes a níveis superficiais, tais como o inchaço do solo, a solubilidade, a expansividade térmica e a compactabilidade (etc.). Em vez de deslocamentos de falhas reais, os padrões de cores na Figura 4 poderiam, portanto, representar diferentes solos a inchar ou a encolher à medida que se molham ou secam. No entanto, as áreas relativas de elevação e subsidência ao longo das falhas interpretadas na Fig. 4 são bastante definidas e atravessam áreas de baixo relevo que são mostradas como tendo tipos de rocha ou solo semelhantes no mapa geológico (Amini & Rashid, 2005) e imagens de satélite (Fig. 1B). Talvez o padrão de falhas mais convincente que interpretamos seja o da (Fig. 2), mas muito poucas delas estão no mapa geológico.

Por isso, consideramos que os padrões de cores na Figura 4 têm mais probabilidade de registar inversões reais de movimentos de falhas associados a epicentros sísmicos próximos.

Sal

O sal continua a ser extrudido da frente da montanha de Alborz e por detrás do teto parcial fragmentado e disperso do nappe (Figs. 1B e 2). Alguns dos diápiros de sal na frente de Alborz que provavelmente abasteceram o nappe salino de Garmsar estão, portanto, ainda activos (Fig. 2). Alguns dos muitos diápiros situados atrás da frente podem também estar activos, mas estão fora da nossa cobertura SAR. No entanto, a erosão fluvial pós-emplacamento separou o nappe das suas antigas fontes a norte do rio. Os dados podem ser interpretados como indicando que a nappe salina de 200-300 m de espessura parece expandir-se ~5 mm quando está húmida e encolher tanto como quando seca. O nappe salino de Garmsar já não é alimentado por novo sal que extrude da profundidade, em vez disso parece estar a definhar, talvez por espalhamento gravitacional, mas certamente por dissolução.

A teoria (Talbot e Jarvis, 1984) sugere que a dissolução da halite exposta a 25°C pode atingir 17%

da precipitação anual. No entanto, as medições no terreno sugerem que a dissolução do sal exposto pode exceder esta taxa em condições naturais (Bruthans et al., 2007 e referências), talvez com a ajuda de microrganismos. Assim, o sal exposto na costa SE do Irão dissolve-se a 30-40 mm a^{-1} numa precipitação média anual durante 5 anos de 103 mm a^{-1}; este valor caiu para uma média de 3,5 mm a^{-1} para o sal sob os seus próprios solos residuais (Bruthans et al., 2007). Estes valores sugerem que o sal exposto perto de Garmsar pode dissolver-se a cerca de 29 a 39% da precipitação média anual decadal de 124 mm a^{-1} (ou seja, a 37 a 50 mm a^{-1}). No entanto, uma cobertura de solos residuais protege a maior parte do cume salino de Garmsar e pode ser antecipada para limitar a sua taxa de dissolução geral a cerca de 4 mm a^{-1}. A dissolução de sal a esta taxa seria consistente com a análise de séries temporais mostrada por Baikpour et al., 2010.

Dobrável

As taxas de elevação locais de ~9 mm a^{-1} (Fig. 2) aproximam-se dos 10 mm a^{-1} medidos para a taxa de elevação das montanhas *centrais* de Alborz por estudos iniciais com GPS (Masson et al., 2002). Uma diferença significativa é o facto de estes autores esperarem uma elevação diferencial ao longo das principais falhas paralelas à cordilheira, ao passo que a Figura 2 indica que a maior parte do movimento na área de Garmsar se deve principalmente ao deslocamento de dobras ao longo da ZGF e de muitas falhas perpendiculares à cordilheira de menor importância. Estudos sísmicos e geodésicos com GPS sugerem que o encurtamento S-N de 8±2 mm/ano ao longo do Alborz é provavelmente mais rápido do que o cisalhamento lateral esquerdo de 4±2 mm/ano ao longo da faixa (Vernant et al., 2004).

Inversões de falhas episódicas

A deformação nas montanhas de Alborz deve-se à convergência N-S Arábia-Eurásia (a ~3 cm a-1: Masson et al., 2002) e ao movimento para oeste da bacia do Sul do Cáspio em relação ao Irão (Allen et al., 2003). Muitos investigadores sublinharam as complicações da deformação nas montanhas de Alborz. Assim, Allen et al. (2003) reconheceram que as falhas de deslizamento lateral à direita, paralelas à cordilheira, se inverteram para deslizamento lateral à esquerda no Pliocénico (5 ± 2 Ma: Ritz et al., 2006), desde que o encurtamento oblíquo se dividiu ao longo de falhas de deslizamento lateral à esquerda, paralelas à cordilheira, e falhas de impulso que mergulham para dentro a partir das margens da cordilheira.

Ritz et al., (2006) afirmaram que partes do Alborz central não são afectadas pelo cisalhamento lateral esquerdo devido à transpressão NNE-SSW geral desde o Pleistoceno médio; em vez disso, apresentam uma transtensão ativa com um eixo extensional WNW-ESE que se desenvolveu depois de a Bacia do Cáspio Sul ter começado a subducção. Os nossos dados levantam a possibilidade de que estes dois campos de tensão se alternem na área de Garmsar.

Na literatura são descritos dois tipos principais de inversões de forças tectónicas:

1) Campos de tensão locais que se alternam em ambos os lados de um valor crítico. Assim, as fases de encurtamento lateral ativo que acentuam as cinturas de dobras e prismas acrecionários podem alternar com fases em que o espalhamento e/ou deslizamento gravitacional reduz as suas cinturas (Platt, 1986). Aplicada à área de Garmsar, esta imagem sugere que as fases de encurtamento lateral N-S que inclinam a frente da montanha Alborz podem alternar com fases em que a inclinação diminui por deslizamento gravitacional sobre um desprendimento basal de sal subsuperficial.

2) Campos de tensão locais que alternam entre dois campos de tensão distantes. Assim, dois conjuntos de juntas regionais sobrepostos à extrusão de sal de Qom Kuh, 168 km a SW de Garmsar, foram atribuídos a fases de encurtamento N-S alternadas com fases de encurtamento E-W que impulsionam as falhas de deslizamento de greve do Irão central (Talbot e Aftabi, 2004). Aplicado à área de Garmsar, este quadro sugere fases de encurtamento N-S com transpressão NNE- SSW alternando com fases de encurtamento N-S acompanhadas de transtensão WNW- ESE.

A falha de Garmsar parece ter actuado como um impulso de mergulho para norte nos meses de inverno (Figs 4J & S) e invertido para uma falha normal nos meses de verão (D & V). A última destas inversões na nossa cobertura pode ter sido captada pelo movimento tipo tesoura ao longo da falha de Garmsar (Fig. 4R, U). Do mesmo modo, a principal falha ativa com tendência SW-NE poderia ser um impulso transpressivo sinistral nas Figs. 4Q e uma falha normal transtensional nas Figs. 4P e T. Isto poderia indicar alternâncias entre campos de tensão transpressivos e transtensionais. Usando a cinemática destas duas falhas como guias, sugere-se que a dinâmica da falha nas épocas A, E, J, Q & S (Fig. 4) e nas épocas G & M mais a época de 18 meses (Figs. 3A) pode ser atribuída ao cisalhamento lateral esquerdo devido à transpressão NNE-SSW, enquanto que as das épocas J, D, O, P, T & V (Fig. 4) podem ser atribuídas à transtensão com um eixo extensional WNW-ESE efetivo. A cinemática de alguns dos sistemas de falhas inverteu-se assim 3 vezes na época de 18 meses representada na Fig. 3A, sugerindo um ciclo de inversão próximo de 6 meses (Fig. 5).

As taxas de movimento das placas são muitas vezes consideradas estáveis porque as medições efectuadas ao longo de milhões de anos são apresentadas em mm a^{-1}. No entanto, os sismos, as medições no solo, os levantamentos GPS e o InSAR demonstram que os movimentos das falhas se tornam cada vez mais irregulares à medida que a janela de tempo em que são observados diminui. As inversões de falhas na literatura geológica (por exemplo, Allen et al., 2003; Zanchi et al., 2006) ocorrem ao longo de milhões de anos porque os dados em que se baseiam só podem resolver inversões ao longo de milhões de anos. Com efeito, estamos a argumentar aqui que o curto período de tempo do InSAR permite a distinção de inversões tectónicas semelhantes observadas na geologia, mas em intervalos de tempo muito mais curtos. De facto, o padrão de falhas mais convincente está no interferograma de 30 meses (Fig. 2) e muito poucos deles estão no mapa geológico.

As elipses de deformação mostradas na parte inferior da Fig. 4 resumem a distorção de um quadrado de 100 km do Alborz ao longo de 5 milhões de anos, com taxas de medição de 4 mm a^{-1} de cisalhamento lateral esquerdo e 6 mm $a^{(-1)\ de}$ encurtamento N-S (Vernant et al., 2004) em todo o Alborz, o que é consistente com o encurtamento de 30 km na longitude de Teerão (Allen et al., 2003).

Os campos *de tensão* que poderiam ser responsáveis pelos movimentos invertidos das falhas mostrados para cada um dos dois grupos de épocas indicados têm os seus eixos principais rotulados na parte inferior da Fig. 4. As épocas durante as quais determinadas falhas actuam como falhas de empurrão e falhas transpressivas são mostradas como tendo um eixo horizontal máximo SSW-NNE (δ_1), um eixo intermédio WNW-ESE (δ_2), sendo a gravidade a tensão principal mais pequena (δ_3).

A tensão é improvável como tensão tectónica principal, mesmo quando as antigas falhas transpressivas e de empurrão se invertem em falhas normais e transtensionais. No entanto, a tensão principal horizontal WNW-ESE (δ_2) excede a tensão principal horizontal SSW-NNE (δ_3), se a gravidade atuar como a tensão máxima (δ_1), como se mostra para o segundo grupo de épocas. Esta interpretação implica que ambos os modelos que explicam as inversões tectónicas acima referidas podem estar envolvidos na área de Garmsar. Pode dizer-se que os campos de tensão locais alternam de um lado e de outro de um valor crítico (Platt 1984) *e* entre dois campos de tensão distantes (Allen et al., 2003; Ritz et al., 2006).

O encurtamento N-S entre a Arábia e a Ásia torna mais íngreme o afunilamento da frente da montanha de Alborz através de impulsos (e dobras) com transpressão ao longo de falhas de deslizamento de ataque com tendência SW-NE, principalmente no inverno. A gravidade, actuando como $\delta_{(1)}$, excede as tensões laterais e a tensão de compressão WNW-ESE excede a força de compressão SSW-ENE, o que leva à inversão das falhas de deslizamento e de golpe SW-NE, principalmente no verão, e a conicidade da frente da montanha de Alborz diminui por deslizamento da gravidade sobre um descolamento basal de sal subsuperficial (onde ainda está presente). A transtensão lateral esquerda ao longo do Alborz permite o movimento para oeste do sul do Cáspio em relação ao Irão, de modo a que a bacia meridional do Cáspio possa subduzir.

A Figura 5 relaciona a época mostrada nos interferogramas das Figs. 3 e 4 com o registo mensal de temperatura, precipitação e aceleração e deslocamento das marés. As 4 tempestades em julho de 2004 e a Época F foram as primeiras chuvas de verão significativas desde há pelo menos uma década. Uma inspeção atenta mostra pouca correlação entre os deslocamentos nos interferogramas e as temperaturas, mas alguma concordância com a precipitação e as marés máximas e mínimas de terra firme.

A precipitação nas montanhas de Alborz deve ser mais elevada do que no Grande Kavir, o que sugere que o nível do lençol freático na área de Garmsar está sujeito a flutuações sazonais comparativamente grandes. Estas grandes mudanças sazonais nas pressões das águas subterrâneas podem, juntamente com os máximos e mínimos das marés, desencadear de alguma forma a mudança de um campo de tensões para outro e explicar as inversões cinemáticas ao longo de muitas falhas na região de Garmsar.

Conclusões

Em resumo, os nossos resultados InSAR correspondem, em geral, a estudos anteriores sobre a deformação de Alborz, mas acrescentam pormenores interessantes.

À medida que a Frente Montanhosa de Alborz avançou para SSW nos últimos ~ 5 Ma, ultrapassou uma sequência de sal enterrada na bacia de Garmsar e extrudiu parte dela sobre a superfície do Grande Kavir como o nappe salino de Garmsar, de onde a Falha de Zirab-Garmsar desvia a frente da montanha em ~9 km (Baikpour et al., 2010). Os comprimentos de onda mais curtos de ambas as falhas e dobras dentro e a leste do ZGF sugerem que o sal ainda é autóctone em profundidade numa franja de 10 km de largura a oeste do nappe e a distâncias desconhecidas a sul e a leste. A lenta transmissão de perturbações entre sismos, falhas activas que são mais longas do que o esperado para sismos tão pequenos e dobras claras apontam para uma tensão tectónica com uma proporção maior do que a prevista de tensão assísmica.

Em vez de inchar por extrusão de sal do subsolo, o maciço salino de Garmsar parece estar agora essencialmente inativo e a degradar-se, quer por dissipação devido à continuação da propagação gravitacional, quer, mais provavelmente, pela sua dissolução geral. Demasiado dúctil para falhar, a camada de sal amortece a dobragem regional devido ao encurtamento N-S.

Aguardamos com expetativa estudos futuros que esclareçam até que ponto as estruturas activas de Alborz se estendem a sul da frente da montanha. Seria igualmente interessante conhecer a geografia da camada de sal autóctone assinalada pelo espaçamento estreito das dobras e falhas na ZGF e a sul e a leste. De maior interesse ainda seria a geografia e o momento das inversões aparentemente episódicas de falhas activas e se elas só ocorrem onde o sal autóctone fornece um descolamento superficial. A monitorização contínua utilizando InSAR seria valiosa, e um conjunto local de estações GPS seria capaz de verificar as alterações na cinemática e um conjunto local de sismómetros deveria permitir soluções sísmicas para verificar a dinâmica.

Agradecimentos

Agradecemos ao Serviço Geológico do Irão (GSI) pelo fornecimento do hardware e do software, bem como pelo apoio logístico durante a preparação e análise dos dados. Expressamos também a nossa gratidão à Dra. Maryam Dehghani, que sempre dedicou tempo a tentar explicar e resolver os nossos problemas.

Referências

AFTABI, P., ROUSTAIE, M., ALSOP, G.I. & TALBOT, C.J. 2010. Mapeamento e modelação InSAR de uma extrusão salina iraniana ativa. *Journal of the Geological Society, Londres,* 167, 155-170.

ALAVI, M., 1996, Tectonostratigraphic synthesis and structural style of the alborz mountain system in Northern Iran *Journal of Geodynamics,* 21, 1-33.

ALLEN, M. B., GHASSEMI, M. R., SHAHRABI, M., & QORASHI M., 2003. Acomodação do encurtamento oblíquo cenozóico tardio na cordilheira de Alborz, norte do Irão. *Journal of Structural Geology*, 25, 659-672.

AMINI, B. & RASHID, H. 2005. *Mapa geológico de Garmsar, escala 1:100 000.* Serviço Geológico do Irão, Teerão.

BAIKPOUR, S., ZULAUF, G., DEHGHANI M. & BAHROUDI, A., 2010, InSAR maps and time series observations of surface displacements of rock salt extruded near Garmsar, northern Iran, *Journal of the Geological Society, London,* 167, 171-181.

BRUTHANS, J., ASADI, N., FILIPPI, M., WILHELM, Z., & ZARE, M., 2007, A study of erosion rates on salt diapir surfaces in the Zagros Mountains, SE Iran. *Geologia Ambiental*, 53, 1079-1089.

FIELDING, E. J., BLOM, R. G. & GOLDSTEIN, R. M. 1998. Subsidência rápida sobre campos petrolíferos medida por interferometria SAR. *Geophysical Research Letters*, 25, 3215-3218.

GABRIEL, A. K., GOLDSTEIN, R. M. & ZEB KER, H. A. 1989. Mapeamento de pequenas mudanças de elevação em grandes áreas: Differential radar interferometry. *Journal of Geophysical Research,* 94, 9183-9191.

GUEST, B., GUEST, A., & AXEN, G., 2007. Late Tertiary tectonic evolution of northern Iran: A case for simple crustal folding, *Global and Planetary Change,* 58, 435-453.

HUDEC, M.R., & JACKSON, M.P.A., 2007. Terra Infirma: compreender a tectónica do sal. *Earth ScienceReviews,* 82, 1-28.

JACKSON, J. & MCKENZIE, D., 1988, The relationship between plate motions and seismic moment tensors, and the rates of active deformation in the Mediterranean and Middle East, *Geophysical Journal* 93, 45-73.

MASSON, F.; SEDIGHI, M.; HINDERER, J.; BAYER, R.; NILFOROUSHAN, F.; LUCK, J.- M.; VERNANT, P.; CHERY, J. 2002. Present-day Surface Deformation and Vertical Motion In The Central Alborz (iran) From GPS and Absolute Gravity Measurements. XXVII Assembleia Geral da EGS, Nice, 21-26 de abril de 2002, resumo #455.

MASSON, F., CHERY, J., HATZFELD, D., MARTINOD, J., VERNANT, P., TAVAKOLL, F. & GHAFORY-ASHTIANI, M. 2005, Seismic versus aseismic deformation in Iran inferred from earthquakes and geodetic data. *Geophysical Journal International,* 160, 217-226.

MASSONNET, D. & FEIGL, K.L. 1998. Radar interferometry and its application to changes in the Earth's surface. *Reviews of Geophysics,* 36, 441 - 500.

PLATT, J. P., 1986. Dinâmica das cunhas orogénicas e o levantamento de rochas metamórficas de alta pressão. Geological Society of America Bulletin, 97: 1037 - 1053.

RITZ, J.-F., NAZARI, H., GHASSEMI, A., SALAMATI, R., SHAFEI, A., SOLAYMANI, S., & VERNANT, P., 2006. Transtensão ativa no centro de Alborz: A new insight into northern Iran-southern Caspian geodynamics. *Geology,* 34; 477-480.

SLUNGA, R.S., 1991: Os terramotos do Escudo Báltico. *Tectonophysics,* 189, 323-331.

TALBOT, C. J. & JARVIS, R. J. 1984. Idade, orçamento e dinâmica de uma extrusão de sal ativa no Irão. *Journal of Structural Geology*, 6, 521-533.

VERNANT, PH., NILFOROUSHAN, F., CHERY., J BAYER, R., DJAMOUR, Y. MASSON, F., NANKALI, H., RITZ, J.-F., SEDIGHI, M., & TAVAKOLI, F. 2004. Decifrar o encurtamento oblíquo do Alborz central no Irão usando dados geodésicos. *Earth and Planetary Science Letters,* 223,177-185.

VERNANT, P., NILFOROUSHAN, F., HATZFELD, D., ABBASSI, M. R., VIGNY, C. & MASSON, F. 2004b. Present-day crustal deformation and plate kinematics in the Middle East constrained by GPS measurements in Iran and northern Oman. *Geophysical Journal International*, 157, 381 - 398.

ZANCHI, A., BERRA, F., MASSIMO MATTEI, M., GHASSEMi, M.R., & SABOURi, J., 2006. Tectónica de inversão no centro de Alborz, Irão. *Journal of Structural Geology*, 28, 2023-2037.

ZEBKER, H. A. & GOLDSTEIN, R. M. 1986. Topographic Mapping from Interferometric Synthetic Aperture Radar Observations (Mapeamento Topográfico a partir de Observações Interferométricas de Radar de Abertura Sintética). *Journal of Geophysical Research*, 91, B5, 4993-4999.

ZHENHONG, L., FIELDING, E.J., CROSS, P., & MULLER, J-P., 2006, Interferometric synthetic aperture radar atmospheric correction: Medium Resolution Imaging Spectrometer and Advanced Synthetic Aperture Radar integration, Geophysical Research Letters, 33, L06816, doi:10.1029/2005GL025299, 2006.

#	DATE	ORIGIN TIME	LAT N	LONG E	DEPTH	MN	NO	Az.GAP	DMIN	RMS	ERH	
1	50105	05:16:21.23	35.46317	52.04233	17.67	1.4	5	136	12.7	.00	.0	.0
2	50301	00:17:19.26	35.24967	52.33900	25.65	1.3	8	144	45.8	.04	.2	1.1
3	50301	00:35:59.03	35.45750	51.81250	15.00	2.1	12	86	23.9	.15	.6	2.3
4	50302	05:10:59.66	35.25517	52.35400	10.23	2.5	7	105	46.2	.07	.5	1.8
5	50408	18:23:09.62	35.17533	51.90933	9.74	1.1	5	164	26.0	.01	.1	.1
6	50414	07:14:45.80	35.15850	52.24033	9.28	2.1	7	172	50.2	.03	.3	.7
7	50428	16:12:53.97	35.35067	52.27500	19.00	1.8	8	145	33.4	.08	.7	2.5
8	50428	17:33:48.00	35.24233	52.17017	21.00	1.7	8	155	39.2	.04	.3	1.3
9	50605	09:04:36.94	35.48517	52.28667	10.96	1.3	6	155	25.2	.22	2.3	4.4
10	50626	08:02:05.30	35.43217	51.95450	15.00	1.3	5	131	17.6	.16	2.6	4.9
11	50922	23:31:44.34	35.30717	52.02517	15.00	1.9	8	157	30.0	.07	.5	2.3
12	51018	12:28:36.36	35.39583	52.24267	21.09	1.5	7	167	27.7	.24	2.3	4.9
13	51108	03:10:22.70	35.48450	51.88800	10.60	2.2	7	144	16.6	.14	1.1	2.0
14	51110	22:17:01.40	35.41400	52.39767	8.85	1.7	7	135	37.8	.06	.5	1.4
15	51203	13:33:43.45	35.33583	52.44633	20.67	2.1	9	150	43.9	.11	.7	3.0
16	51207	03:23:43.50	35.40367	52.00867	15.00	1.6	8	157	19.4	.17	2.0	4.3
17	51220	20:21:16.88	35.43267	51.93600	12.25	1.7	8	135	18.3	.19	1.1	3.2
18	60206	00:31:27.69	35.39567	52.47783	9.55	.00	12	145	37.0	.18	.7	2.0
19	50208	18:30:22.74	35.23200	52.15533	22.86	2.2	8	186	39.9	.35	2.6	7.4
20	50208	21:50:12.40	35.27833	52.28900	15.00	2.6	6	192	40.5	.33	3.9	26.9

Tabela 2. Lista de eventos localizados de forma fiável a partir do Boletim de Sismos do Instituto Sismológico Iraniano para uma época de 30 meses, de 19.08.2003 a 13.02.2006, entre as latitudes 34,90° e 35,50° e as longitudes 51,34° e 52,53°. Os eventos listados como 19 e 20 são menos bem localizados do que os outros.

Modelação análoga e geofísica da Nappe Salina de Garmsar, Irão: limitações sobre a evolução das montanhas de Alborz

Modelação análoga e geofísica do maciço salino de Garmsar, Irão: limitações à evolução das montanhas de Alborz.

Shahram Baikpour [1] Gernold Zulauf [1] Iraj Abdolahifard [2] Gholamreza Peyrovian [2] Carlo Dietl [1]

[1] Departamento de Geologia e Paleontologia, Goethe Universität, Frankfurt a.M., Alemanha.

[2] Departamento de Geofísica, National Iranian Oil Company (NIOC), Teerão, Irão.

Resumo

As Montanhas de Alborz formam uma cintura orogénica de tendência este-oeste com cerca de 100 km de largura que se estende por 2000 m no norte do Irão, a sul do Mar Cáspio. As montanhas de Alborz são constituídas por sedimentos salinos do Neogénico que estão dobrados e cortados por falhas. Os estudos do Sistema de Posicionamento Global (GPS) indicam um encurtamento direcionado para N-S em toda a cordilheira de Alborz, que é acomodado por deslizamento lateral direito e esquerdo ao longo de falhas de tendência ESE-WNW e ENE-WSW, respetivamente. Um lençol de sal de 20 km x 10 km x 03 km foi extrudido sobre o planalto central do Irão, surgindo na frente do avanço das montanhas de Alborz. O sal extrudido forma o planalto de Eyvanekey, entre Eyvanekey e Garmsar, atualmente conhecido como nappe salina de Garmsar.

Para obter mais informações sobre a evolução do nappe salino de Garmsar, foi efectuada uma modelação analógica utilizando PDMS como análogo do sal e areia como análogo da sobrecarga frágil. As estruturas produzidas consistem em dobras bivergentes e empuxos que se formaram enquanto o análogo de sal PDMS estava a subir. Os resultados da modelação são compatíveis com a nossa interpretação de que a frente de deformação das montanhas de Alborz avançou para SSW ao sobrepor-se a uma sequência de sal na zona de Garmsar.

A estimativa da profundidade por deconvolução de Euler dos dados gravitacionais e magnéticos indica que o sal foi extrudido a partir de profundidades inferiores a 2000 m.

Palavras chave: Alborz, Garmsar, modelação analógica, sal-gema

Introdução

A Cordilheira de Alborz (Fig.1) resulta de diferentes eventos tectónicos que ocorreram durante diferentes ciclos orogénicos: (1) a colisão do Triássico Superior (Cimério) do bloco iraniano com a Eurásia, e (2) a deformação intraplaca atual relacionada com a convergência entre as placas da Arábia e da Eurásia *(Zanchi et al 2006).*

A parte central da cordilheira de Alborz (entre as longitudes 50°E e 54°E) apresenta uma forma de cunha à escala do mapa que está relacionada com dobras e falhas com tendência NW-SE no Alborz ocidental e NE-SW no Alborz oriental (Fig.1). Um estudo recente do Sistema de Posicionamento Global (GPS) mostrou que o encurtamento N-S em Alborz ocorre a 5 ±2 mm/ano e que o cisalhamento lateral esquerdo em toda a faixa ocorre a uma taxa de 4 ±2 mm/ano *(Vernant et al., 2004).* Os dados sismológicos registados nas Montanhas Alborz e em torno da Bacia do Cáspio Sul indicam que a Bacia do Cáspio Sul se desloca para NW com uma velocidade máxima de 5-6 mm/ano *(Jackson et al., 2002).*

As falhas de deslizamento de ataque com tendência ESE-WNW laterais à direita estão relacionadas com o encurtamento dirigido N-S do Miocénico *(Allen et al., 2003).* A transpressão dextral é também sugerida pela disposição em escalão dos principais trens de dobras, que consistem em grandes anticlinais abertos de tendência ENE-WSW, oblíquos às falhas principais.

Uma parte do sal da bacia de Garmsar pode ainda estar presente sob as rochas mesozóicas que estão a formar as nappes das montanhas de Alborz. Outros estratos de sal tornaram-se móveis e extrudiram-se para a superfície sob a forma de pequenos diapiros ao longo de falhas no sopé das montanhas, sem uma propagação lateral significativa sobre a superfície *(Safaei, 2001).* No entanto, é provável que a maior parte do sal ultrapassado pela frente de deformação de Alborz, que avançava para sul, tenha sido expelido sobre sedimentos recentes do grande Kavir, a sul e a oeste (Figs. 2 e 3 A). Este sal está agora presente como um enorme lençol de sal alóctone que forma o que chamaremos aqui de Planalto de Eyvanekey (Fig. 3B). Extrusões de sal mais pequenas nas colinas a norte de Garmsar indicam onde a frente de deformação de Alborz está deslocada ca. 9 km pela falha de Zirab-Garmsar de 130 km de comprimento, de tendência dextral SW-NE (Fig. 5).

O objetivo do presente estudo é reconstruir o desenvolvimento de estruturas tectónicas numa cintura de dobras e impulsos em forma de cunha que é fortemente controlada por sal-gema móvel. Os resultados da modelação analógica mostram como a extrusão de sal-gema está relacionada com o avanço de uma cadeia montanhosa. Para perceber a relação entre as estruturas superficiais e sub-superficiais, serão considerados dados geofísicos.

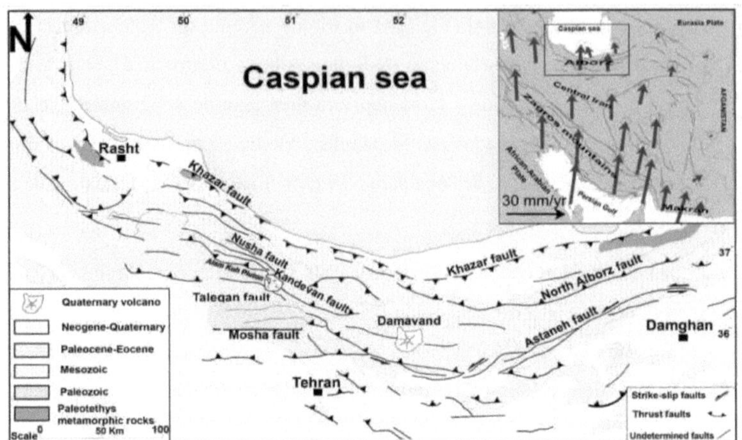

Fig. 1. Mapa estrutural da Cordilheira de Alborz (segundo Yassaghi e Madanipour, 2008). A inserção é um mapa de falhas do Irão (segundo Berberian e Yeats, 1999); as setas mostram a direção e as velocidades derivadas do GPS do movimento das placas no Irão em relação à Eurásia estável (segundo Vernant et al., 2004).

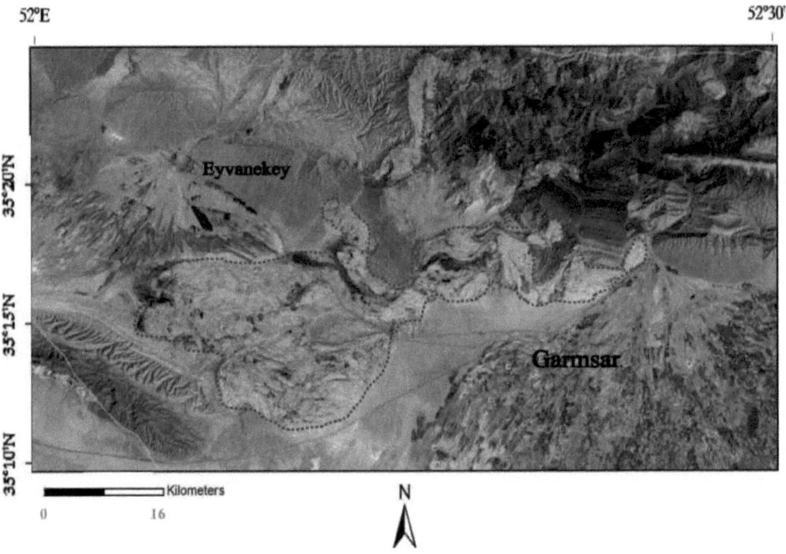

Fig. 2. Planalto de Eyvanekey e colinas a norte de Garmsar. Os principais corpos de sal do Terciário estão assinalados com uma linha vermelha a tracejado. Imagem de satélite Landsat, fonte: Google Earth.

Enquadramento geológico

As montanhas de Alborz representam uma cintura orogénica composta por sedimentos neogénicos salinos que sofreram encurtamento e elevação durante o Cenozoico *(Alavi, 1996).* Os sedimentos mais antigos do que o Miocénico não estão expostos em Garmsar. A perfuração de exploração pode ter tocado o topo dos sedimentos do Eocénico. A estratigrafia da bacia do Grande Kavir é interpretada a partir de afloramentos que ladeiam o Kavir. A parte inferior das rochas do Eocénico é constituída por uma sequência variada de arenitos, xistos, margas e vulcânicas. A parte superior é constituída por sal-gema e anidrite/giprocha que reflecte a regressão (Fig. 4 A&B). Esta sequência de evaporação continua até ao Oligoceno (Fig. 4A). Nas colinas de Eyvanekey-Garmsar, os evaporitos do Eocénico superior e do Oligocénico inferior não podem ser distinguidos. Estas colinas consistem em grandes corpos diapíricos de sal e gyprock com inclusões de rochas vulcânicas máficas. A distorção diapírica e a extrusão glacial obscureceram a ordem estratigráfica e não existem fósseis. A maior parte do sal-gema é branca e de grão fino, com uma foliação milonítica sub-horizontal apertada (*Schleder & Urai, 2006)*. Camadas finas (<2 m) de sal vermelho, amarelo, castanho ou preto fornecem marcadores de tensão úteis. Encontram-se cristais de halite azul no exterior da entrada de uma mina nas colinas de Garmsar.

A parte superior da sequência oligocénica, a Formação Vermelha Inferior, é constituída por gyprock, xisto arenoso e alguns vulcânicos. Uma sequência semelhante, designada por Formação Vermelha Superior, foi depositada no Miocénico. Entre a Formação Vermelha Inferior e a Formação Vermelha Superior existe uma sequência de calcário, marga, xisto e arenito, denominada Formação Qom (Fig. 4 A&B). A idade desta última é do Oligoceno superior ao Mioceno inferior.

A superfície atual do nappe salino de Garmsar está coberta por vários metros de solos estéreis residuais insolúveis após a dissolução do sal pela chuva *(Talbot, 2004)*. A maior parte destes solos são gipsite verde-clara a castanha-pálida com marga subordinada e marga calcária *(Amini e Rashid, 2005)*.

Quase todo o encurtamento foi acomodado por movimentos ao longo de falhas inversas de mergulho a norte e a sul, que são as principais estruturas das montanhas de Alborz. As falhas inversas estão em grande parte orientadas para norte na parte sul da cordilheira e acentuadamente orientadas para sul na parte norte. De norte para sul, estas falhas da área central são as falhas de Khazar, Alborz Norte, Nusha, Kandevan, Mosha e Teerão Norte (Fig.1; *Yassaghi e Madanipour's 2008)*.

Enquanto a frente de deformação das Montanhas Alborz avançava para SSW durante os últimos 5 m.a., estava a sobrepor-se a uma sequência de sal na Bacia de Garmsar. Este movimento da frente das Montanhas Alborz espremeu a maior parte dos evaporitos móveis para SSW, onde o sal-gema extrudiu no Grande Kavir, formando o nappe salino de Garmsar abaixo do Planalto de Eyvanekey (Fig. 2 e 3 A&B).

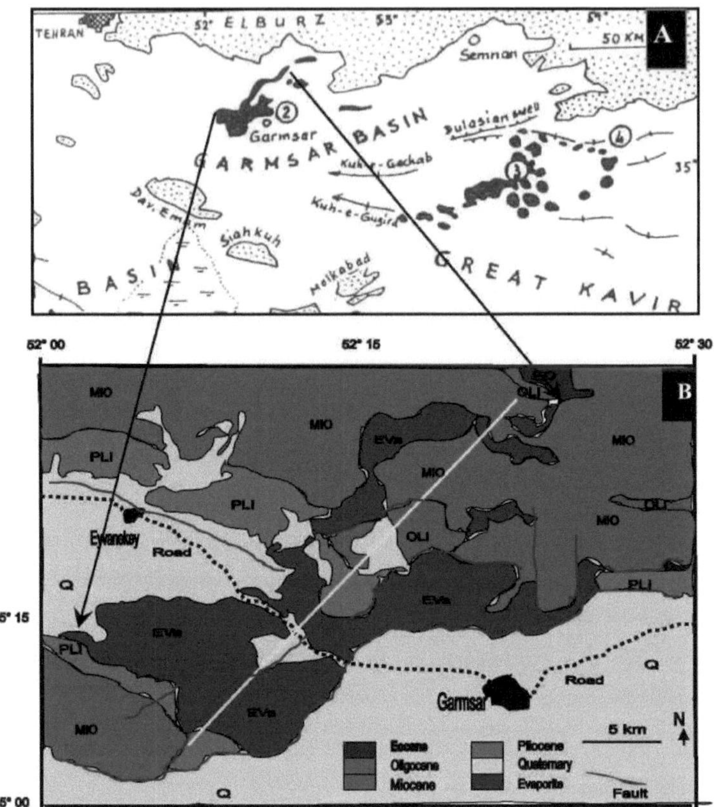

Fig. 3. Configuração geológica simplificada das colinas de Garmsar, do planalto de Eyvanekey e arredores. (A) Evaporitos cenozóicos à superfície nas bacias de Garmsar e do Grande Kavir (Jackson et al. 1990). (B) Mapa geológico das colinas de Garmsar e do planalto de Eyvanekey (segundo Amini & Rashid, 2005). A linha amarela indica a secção transversal mostrada na Fig.4

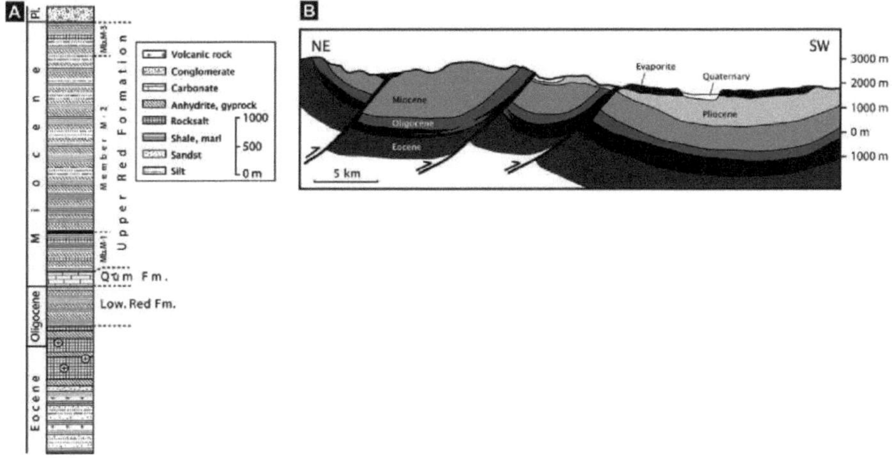

Fig. 4. (A) Estratigrafia das rochas da bacia de Garmsar (segundo Jackson et al., 1990). O sal-gema do Eocénico ao Oligocénico é a principal fonte para as extrusões das colinas de Garmsar e do planalto de Eyvanekey. (B) Secção transversal através das colinas de Garmsar e do planalto de Eyvanekey (modificado de Amini e Rashid, 2005). Para a localização da secção transversal, ver Fig. 3.B

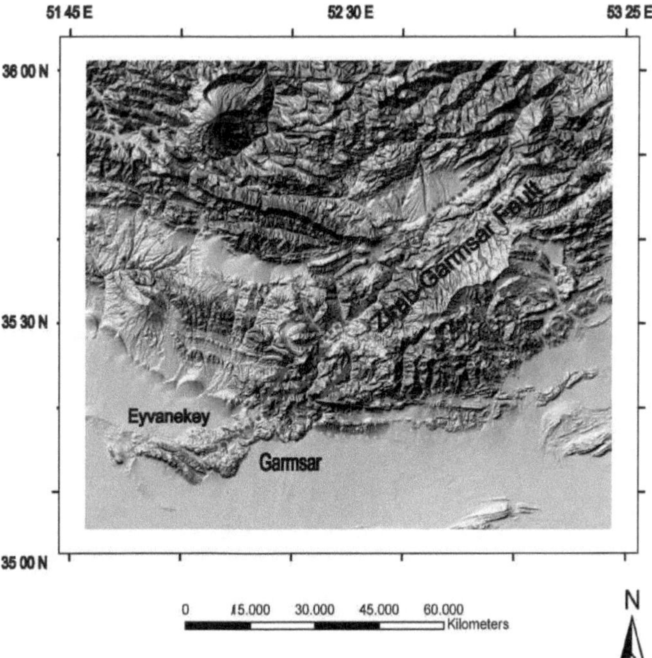

Fig. 5. Modelo digital de elevação (DEM) da área de estudo no norte do Irão, sombreado direcionalmente, mostrando a relação do planalto de Eyvanekey com a extremidade sul da falha de Zirab-Garmsar (linha

pontilhada vermelha). As setas referem-se a uma camada-chave que mostra um desvio dextral de 9 km. O contorno da frente da montanha é mostrado pela linha pontilhada amarela fina.

Métodos

Modelação analógica

Conceção do modelo e aparelho de deformação

A modelação análoga centra-se no encurtamento de uma sobrecarga sedimentar frágil, com espessura variável lateralmente, assente no topo de uma camada pouco viscosa de sal-gema. Utilizámos o polidimetilsiloxano (PDMS) para modelar o sal-gema viscoso. O PDMS é um fluido viscoso newtoniano transparente com uma viscosidade de 2,3 x 10^4 Pa s e uma densidade de 0,964 g/cm^3 a uma temperatura de 20°C. Dado que o fluxo do sal-gema de Garmsar foi dominado por fluido assistido por fluência de solução-precipitação (Schleder e Urai, 2006), a sua reologia deveria ter sido quase linear viscosa (Newtoniana). Foi utilizada areia de quartzo seca com um tamanho de grão de 0,5 mm para simular a sobrecarga frágil. A areia tem uma coesão negligenciável, um ângulo de atrito interno de cerca de 30° e uma densidade de 1,4 g/cm^3. A areia é um bom análogo para a maioria das rochas sedimentares da crosta continental superior, que apresentam um comportamento de Mohr-Coulomb *(Byerlee, 1978; Weijermars et al., 1993).* A areia escolhida apresenta um comportamento de Mohr-Coulomb ao desenvolver zonas de cisalhamento estreitas (<3 mm) que imitam zonas de falha.

As dimensões do modelo são 34 cm x 25 cm x 2,5 cm. A forma de chevron à escala do mapa da Cordilheira de Alborz foi inicialmente simulada através da moldagem de um cone feito de esferovite (Fig. 6). Os membros do cone tinham 20 cm de comprimento e a dobradiça começava com 13 cm de largura (Figs. 6 e 8 A1& A2).

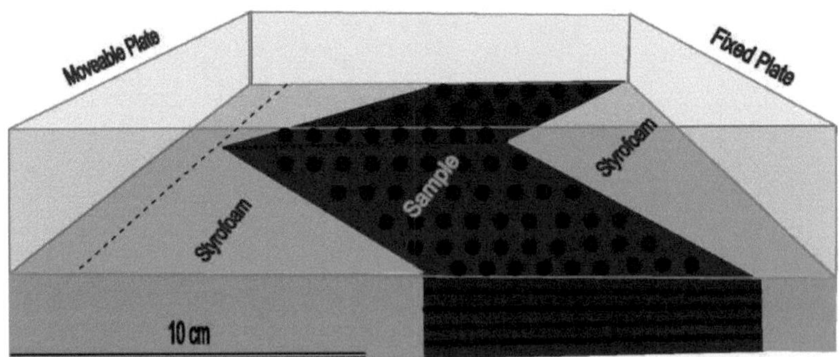

Fig.6. Desenho esquemático do modelo antes da deformação; a estrutura em forma de V da amostra no interior da esferovite mostra uma vista da cordilheira de Alborz antes e durante o encurtamento. O PDMS, como análogo do sal-gema, está presente no vértice e no interior do corpo em forma de V.

A areia seca foi depositada a uma profundidade de 2,5 cm à volta do cone de esferovite e depois retirada. No espaço aberto deixado pela esferovite, foi depositada areia de cor diferente para simular a estratigrafia das rochas da Cordilheira de Alborz. Para modelar a evolução de um lençol de sal em frente ao avanço da Cordilheira de Alborz, foi colocada uma pequena camada triangular (1 cm x 1 cm x 0,5 cm) de PDMS por baixo do vértice do cone. Esta camada de PDMS foi coberta com areia.

O modelo foi colocado num aparelho termomecânico concebido e construído no Departamento de Ciências da Terra da Universidade de Frankfurt e encurtado entre duas placas móveis [x] e [y], estas últimas acionadas por um motor de passo através de quatro fusos (Fig.7). No caso presente, apenas a placa [x] foi empurrada. O modelo foi sujeito a um encurtamento horizontal de 25 % a uma taxa de 1 mm/hora. Para a análise geométrica, o modelo deformado foi cortado em fatias (Figs. 9-11).

O modelo do presente estudo é dimensionado geometricamente, cinemática e dinamicamente para a região de Alborz. Vários modelos com a mesma composição foram deformados para mostrar o efeito do encurtamento na montanha de Alborz, enfatizando o processo de extrusão de sal na frente da montanha. A escala escolhida foi a de que 1 cm na experiência representa 10 km na natureza, e 1 hora da experiência representa 1m.y. na natureza. A velocidade de convergência de 1 mm/h foi escalada para representar a velocidade de convergência Arábia-Eurásia, que corresponde a cerca de 2 cm/ano na natureza. A semelhança dinâmica é dada pelo facto de os materiais análogos utilizados terem propriedades reológicas semelhantes às dos seus homólogos naturais (ver acima).

Fig.7. Aparelho de deformação (A) e unidade de controlo eletrónico (B).

Reconstrução de bacias hidrográficas utilizando dados geofísicos

No presente estudo, utilizámos dados gravimétricos e magnéticos processados recolhidos pela National Iranian Oil Company (NIOC). A sua carga de trabalho foi de cerca de 4674 km^2 e foi adquirido um total de 13270 estações G/M.

Para estimar a profundidade da bacia salina de Garmsar a partir de dados magnéticos e gravitacionais, utilizámos o método de deconvolução de Euler implementado no software Geosoft do Serviço Geológico do Irão. O método de deconvolução de Euler é útil para a interpretação rápida de dados de campo potenciais, tais como mapas magnéticos e de gravidade. É particularmente útil para delinear contactos e fornecer estimativas rápidas de profundidade. Esta técnica pode ser tratada como uma caixa negra automática para estimar profundidades e foi concebida para fornecer uma análise assistida por computador de grandes volumes de dados magnéticos e gravitacionais. A equação de Euler tem sido amplamente utilizada para analisar anomalias gravitacionais e magnéticas.

As vantagens desta técnica em relação aos métodos de interpretação de profundidade mais convencionais (ou seja, curvas caraterísticas, correspondência de curvas inversas, etc.) são que nenhum modelo geológico específico é assumido e a deconvolução pode ser diretamente aplicada e interpretada mesmo quando um modelo específico, como um prisma ou dique, não pode representar adequadamente a situação geológica.

Para um campo anómalo causado por fontes elementares, a equação diferencial de Euler tem a forma

$$(x - x_0)\frac{\partial T}{\partial x} + (y - y_0)\frac{\partial T}{\partial y} + (z - z_0)\frac{\partial T}{\partial z} = -N(T - B) \qquad (1)$$

onde T é a quantidade de campo total, B é a intensidade do campo regional, $(x_0; y_0; z_0)$ e (x, y, z) são as coordenadas da fonte da anomalia e N é o índice estrutural da fonte, que representa a taxa de diminuição da intensidade do campo com a distância.

Resultados da modelação analógica

O encurtamento do modelo análogo resultou numa dobragem fraca do plano axial do cone e conduziu à dobragem e ao empuxo oblíquo das camadas. Na parte da frente do cone, o PDMS extrudiu para a superfície do modelo, como se pode ver na vista superior (Figs. 8B1& B2 ,C1&C2). Uma vez que o modelo é caracterizado por uma forte deformação heterogénea, a geometria das dobras e dos impulsos só pode ser revelada em três dimensões. Por esta razão, a amostra deformada foi cortada ao longo das secções de tendência E-W e N-S. Todas as falhas inversas e os impulsos estão relacionados com a dobragem.

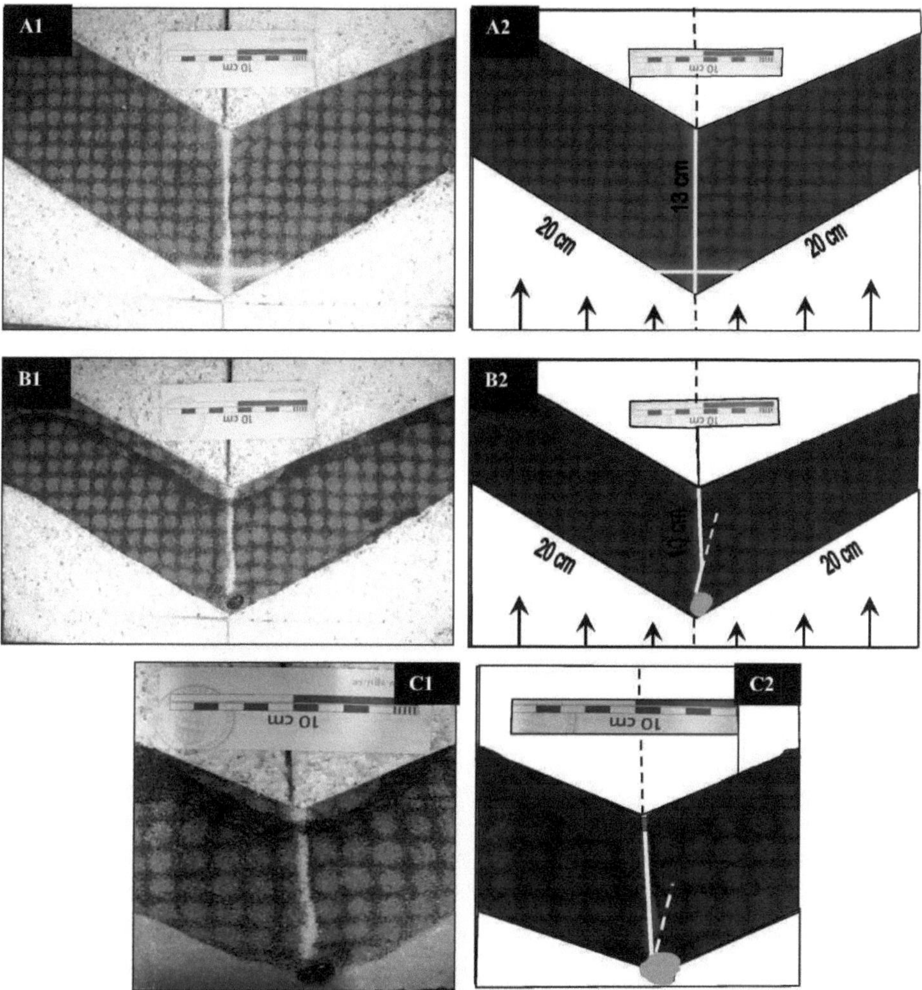

Fig.8. Modelos análogos não deformados (A1 e A2) e deformados (B1 e B2). As setas pretas indicam a direção do encurtamento. As linhas tracejadas amarelas em B2 indicam a dobradiça do cone que pode corresponder à falha de Zirab- Garmsar no protótipo. Um pequeno bolbo de PDMS extrudido no vértice do cone simula o nappe salino de Garmsar. C1 e C2 são vistas de perto de B1 e B2, respetivamente.

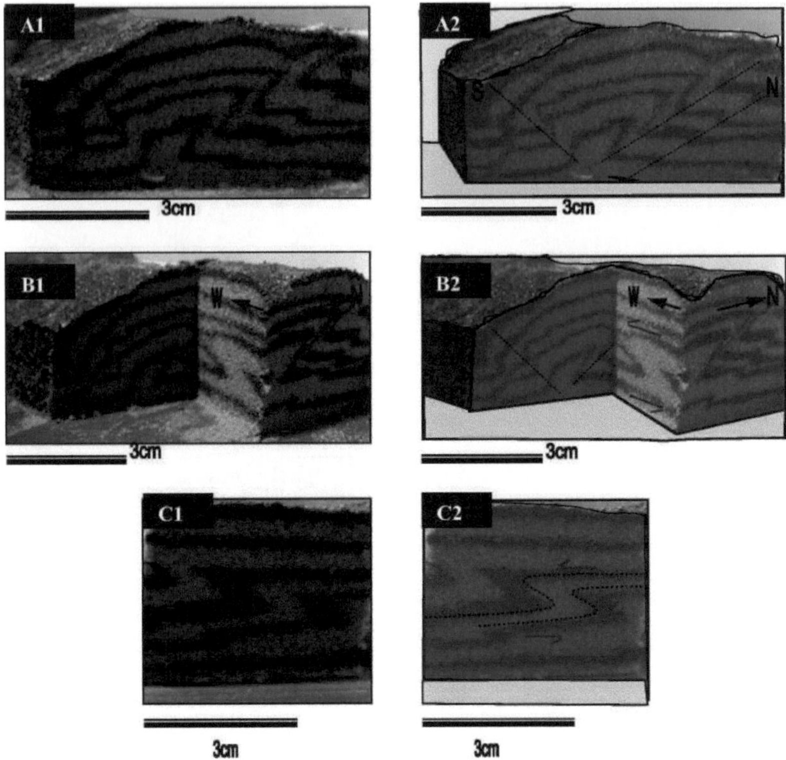

Fig. 9. Secções de membros deformados de chevrons. (A1, A2) Vista 2D após corte no membro oriental da chevron. Os marcadores pretos inicialmente horizontais exibem diferentes padrões de falhas inversas nos lados esquerdo ("S") e direito ("N") da amostra. As falhas inversas e os impulsos à esquerda (indicados por linhas pretas a tracejado) são comparáveis à Falha de Firouzkuh no S da Cordilheira de Alborz. As falhas inversas e os impulsos à direita podem ser equivalentes às falhas de Alborz Norte e de Khazar no N da cordilheira de Alborz. (B1, B2) As secções parciais N-S e E-W do modelo deformado mostram falhas inversas em ambas as secções. Na secção E-W, as camadas inicialmente horizontais são deformadas em forma de S devido ao movimento lateral esquerdo correspondente às falhas laterais esquerdas no membro oriental da chevron de Alborz. (C1, C2) são vistas em grande plano de dobras em forma de S nas secções E-W.

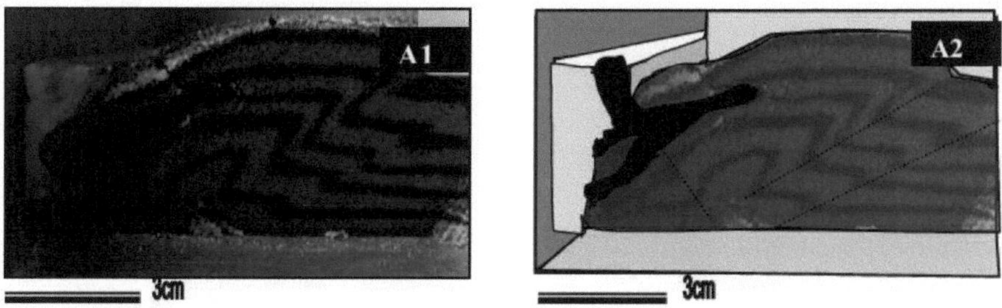

Fig. 10. Secção do modelo deformado cortado ao longo do eixo N-S do cone. As linhas pretas a tracejado mostram as falhas inversas e os impulsos. A massa negra é constituída por PDMS que extrudiu da falha meridional, como se mostra em A2. Uma quantidade semelhante de PDMS está em falta em A1 porque foi deslocada durante o corte.

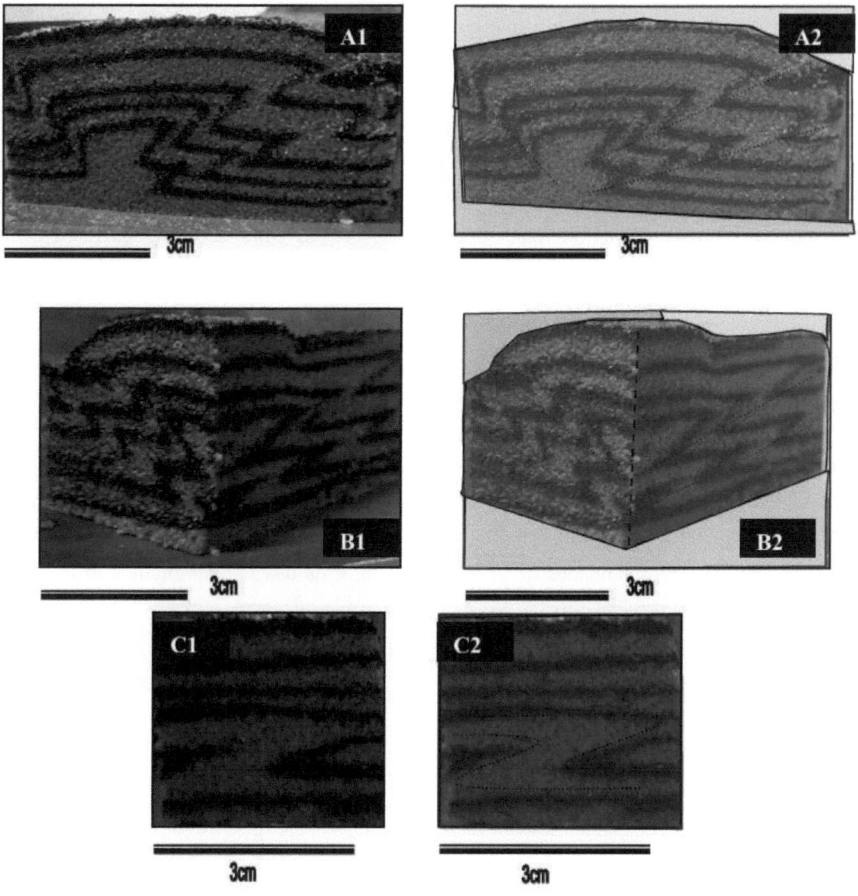

Fig.11. Secções da amostra arenosa deformada apresentada na figura 7. (A1, A2) Parte ocidental da amostra

em forma de V. As camadas dobradas apresentam diferenças geométricas a S e a N. Existem dois tipos de falhas comparáveis às apresentadas na Fig. 16. As falhas inversas e os impulsos podem ser equivalentes à Falha do Norte de Teerão, à Falha do Norte de Alborz e à Falha de Khazar. (B1, B2) Vista 3D mostrando falhas inversas iguais tanto nas secções N-S como E-W (C1, C2) Vistas de perto de secções com tendência E-W mostrando dobra em forma de Z.

Resultados da modelação geofísica

O mapa da Anomalia de Gravidade Bouguer reflecte a distribuição da densidade relativa das rochas abaixo da superfície terrestre dentro e à volta do nappe salino de Garmsar (Fig. 12). Da mesma forma, o mapa de anomalias magnéticas apresenta as propriedades magnéticas das rochas na mesma área (Fig. 13).

As cores do mapa de gravidade vão do vermelho ao amarelo e do verde ao azul. As cores vermelhas representam zonas da crosta terrestre que contêm rochas de elevada densidade. As cores azuis mostram as zonas constituídas por rochas com uma densidade mais baixa.

As densidades das rochas são medidas em g/cm^3, tendo a crosta terrestre um valor médio de fundo de cerca de 2,67 g/cm^3. Os depósitos sedimentares, como a areia e os evaporitos, são geralmente menos densos do que as rochas ígneas, como o granito e o basalto. Dentro da área de interesse, é principalmente a distribuição de diferentes tipos de rochas que resulta em altos e baixos mostrados na Fig. 12.

As rochas ígneas têm geralmente forças magnéticas muito elevadas em comparação com as rochas sedimentares. As rochas evaporíticas (como o nappe salino de Garmsar), por outro lado, têm forças magnéticas muito baixas. As cores quentes na Fig. 13 indicam as rochas mais magnéticas e as cores frias indicam as rochas com menor força magnética.

Como mostram as figuras (12 & 13) e os mapas de anomalias gravitacionais e magnéticas, os discos vermelhos indicam anomalias situadas a uma profundidade > 5000 m. Os discos verdes e amarelos mostram anomalias a profundidades de 2000 a 3000 m, e os discos com círculos azuis indicam anomalias <2000 m. A linha branca indica o contorno do nappe salino de Garmsar que também é mostrado no mapa geológico no canto inferior esquerdo da figura

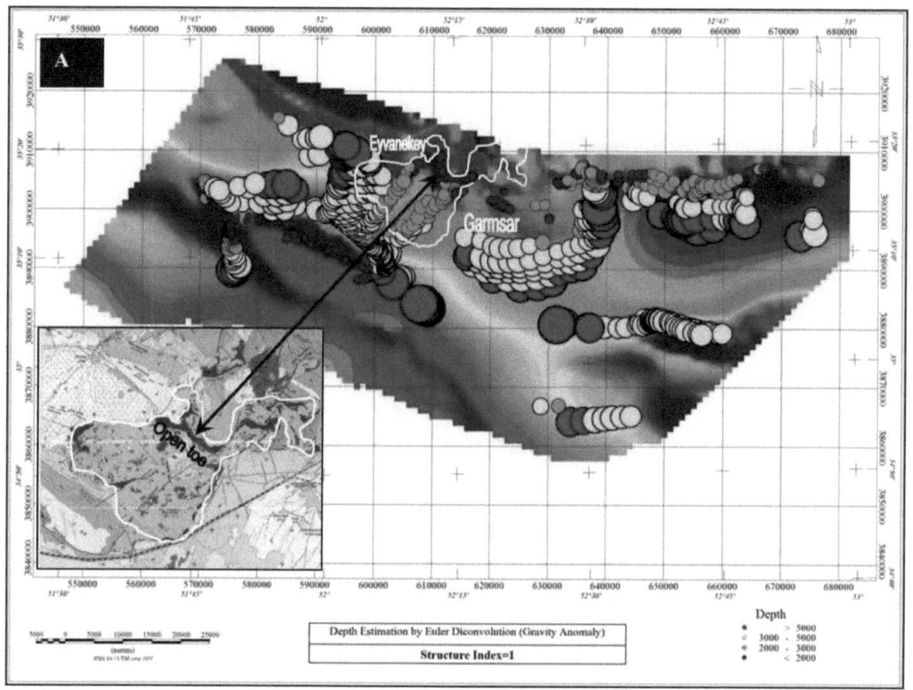

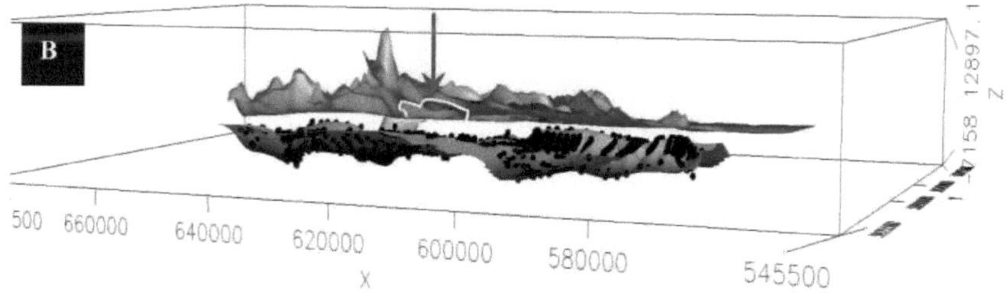

Fig. 12. (A) Mapa nacional iraniano da Gravidade da Anomalia de Bouger da área de Garmsar sobreposto por estimativas de profundidade (marcadas com discos com tamanhos proporcionais à profundidade) do algoritmo de deconvolução de Euler. O gradiente de densidade acentuado > 5000 m é mostrado por círculos vermelhos; os discos verdes e amarelos representam anomalias a profundidades de 2000 a 3000 m, e os discos azuis indicam contactos <2000 m. A linha branca indica o contorno do nappe salino de Garmsar que também é mostrado no mapa geológico no canto inferior esquerdo da figura. (B)) Vista oblíqua do diagrama de blocos 3D (x,y,z) das estimativas de profundidade. A superfície superior reflecte a topografia com as cores do mapa. A superfície cinzenta indica o gradiente de densidade mais acentuado em profundidade e os pontos pretos localizam anomalias de densidade locais. O contorno do nappe salino de Garmsar é mostrado por uma linha branca.

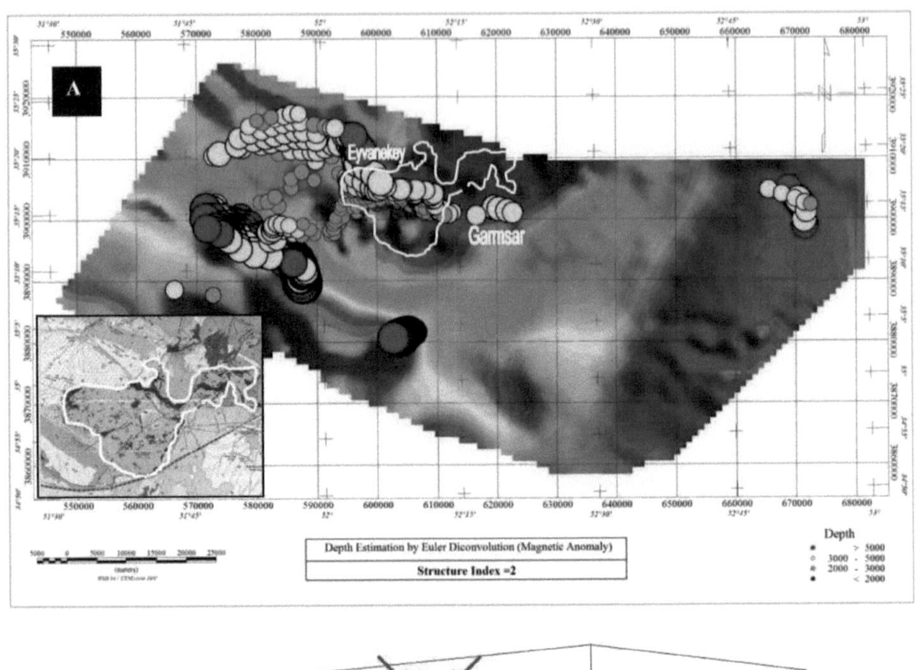

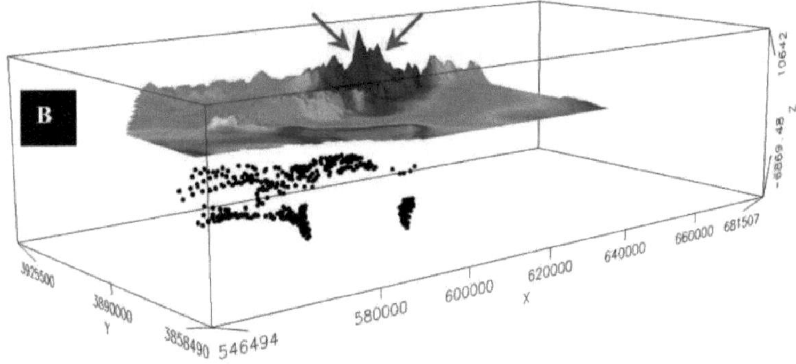

Fig. 13. (A) Estimativa da profundidade (marcada com discos com tamanhos proporcionais à profundidade) com base no algoritmo de deconvolução de Euler utilizando o mapa de campo magnético. Os discos vermelhos indicam anomalias situadas a uma profundidade > 5000 m. Os discos verdes e amarelos mostram anomalias a profundidades de 2000 a 3000 m, e os discos com círculos azuis indicam anomalias mais profundas a 2000 m. A linha branca indica o contorno do nappe salino de Garmsar que também é mostrado no mapa geológico no canto inferior esquerdo da figura. (B) Vista oblíqua do diagrama de blocos 3D (x, y, z) das estimativas de profundidade. A superfície superior reflecte a topografia com as cores do mapa. Os pontos pretos localizam as anomalias de pontos magnéticos em profundidade. O contorno do nappe salino de Garmsar é mostrado por uma linha branca.

Discussão

Interpretação dos resultados experimentais e aplicação a exemplos naturais

O nosso modelo análogo à escala centrou-se na extrusão de sal sob o avanço da frente de deformação das montanhas de Alborz. A modelação produziu dobras e impulsos bivergentes que podem ser correlacionados com o inventário estrutural da cordilheira de Alborz. A cinemática recente do Alborz é controlada pelo encurtamento N-S (Fig. 15) entre a Arábia e a Eurásia e pelo movimento para oeste do domínio sul do Cáspio em relação ao Irão. O encurtamento N-S é compatível com o deslizamento dextral ao longo das falhas de tendência NW do Alborz ocidental e com o deslizamento sinistral ao longo das falhas de tendência NE do Alborz oriental (Fig. 14). Este sistema de deslizamento estava ativo no modelo análogo, particularmente na interface entre o cone de esferovite e o modelo PDMS/areia. As secções dos membros deformados das chevrons nos modelos análogos (Figs. 9 - 11) revelaram falhas inversas e impulsos com inclinação N e S que podem corresponder a dobras e falhas do Alborz ocidental. As falhas inversas de direção norte formadas no sul do modelo (Fig. 11) também foram encontradas na parte sudoeste da cordilheira de Alborz, como a falha do norte de Teerão (Fig. 16). Além disso, as falhas inversas íngremes do modelo são comparáveis à falha de Firouzkuh na parte sudeste da cordilheira de Alborz (Figs. 9 e 16).

O modelo análogo mostra também duas falhas paralelas na parte norte que podem ser relacionadas com a falha de Alborz Norte e a falha de Khazar, ambas localizadas na parte norte da cordilheira de Alborz e na parte sul da bacia do Cáspio (Figs. 9, 10 e 16).

Enquanto a frente de deformação das montanhas de Alborz avançou para SSW durante os últimos 5 m.a., passou por cima de uma sequência de sal na bacia de Garmsar.

O nosso modelo mostrou uma pequena quantidade de PDMS extrudido que se correlaciona com o sal-gema que extrudiu no cone da cordilheira de Alborz em forma de cunha. Na natureza, o sal avançou para SSW e extrudiu-se para o topo do planalto, formando o nappe salino de Garmsar (Fig. 8). Algum sal pode permanecer no local sob a frente de deformação do Alborz e do seu anteparo e vários pequenos diápiros estão a erguer-se ao longo de falhas no sopé das colinas *(Safaei, 2001)*. A extrusão de sal nas colinas a norte de Garmsar é controlada por falhas, uma vez que a frente de deformação de Alborz é deslocada em cerca de 9 km ao longo da falha de deslizamento de Zirab-Garmsar, com 130 km de comprimento e tendência SW-NE (Fig. 5). Esta falha está representada no modelo pela linha amarela a tracejado (Fig. 8B&C).

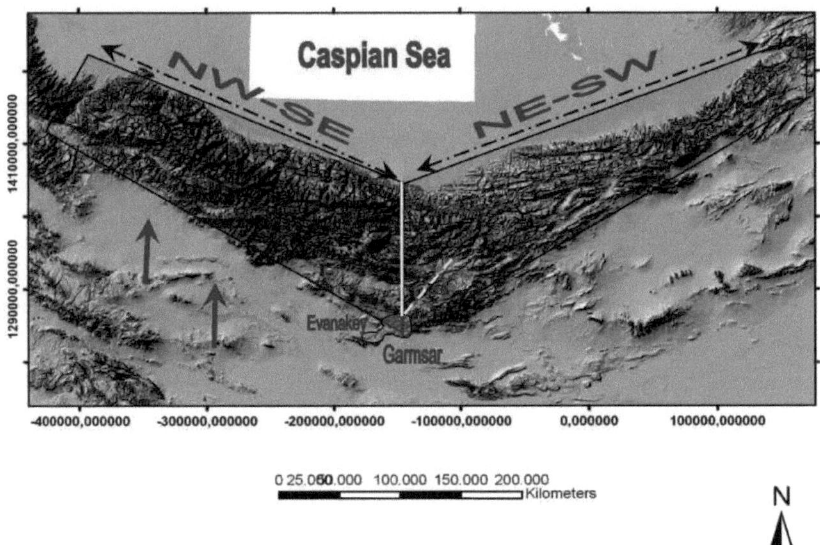

Fig. 14. Modelo Digital de Elevação (DEM) sombreado da Cordilheira de Alborz central. O limbo NW-SE é mais largo do que o limbo NE-SW. A linha amarela sólida aproxima-se da linha mediana do V. A linha amarela tracejada mostra a falha Zirab-Garmsar. A nappe salina de Garmsar extrudiu no vértice do V, onde a falha Zirab-Garmsar desvia a frente da montanha de Alborz em cerca de 9 km. A Fig. 5 mostra uma vista de pormenor do nappe salino de Garmsar e da terminação meridional da falha Zirab-Garmsar

Os dados de GPS indicam que o encurtamento N-S ao longo do Alborz é duas vezes mais rápido do que o cisalhamento lateral esquerdo ao longo da faixa (Fig. 15; *Vernant et al., 2004).* A Figura (11) mostra um perfil parcial E-W ao longo da parte ocidental do modelo, em que a forma de Z num marcador preto inicialmente horizontal simula um movimento lateral esquerdo ao longo de falhas de deslizamento de ataque na natureza. A estrutura em forma de S na direção E-W no modelo (Fig.9) mostra um movimento lateral esquerdo, comparável aos movimentos laterais esquerdos ao longo das falhas de deslizamento de greve no Alborz oriental.

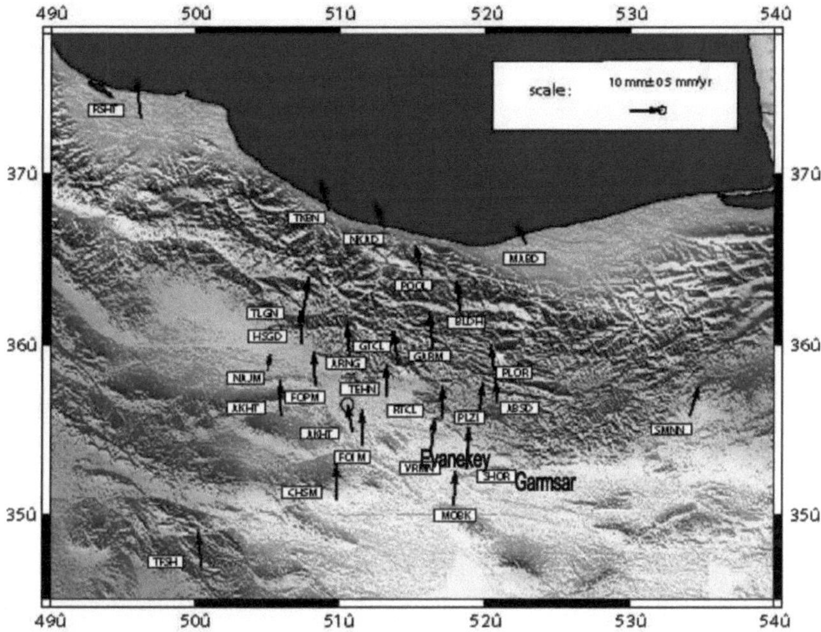

Fig.15 . Campo de velocidade (setas pretas) do Alborz Central com base em levantamentos GPS recentes (Centro Nacional de Cartografia NCC); a estação SHOR está situada entre Eyvanekey e Garmsar.

Interpretação dos resultados geofísicos e aplicação a exemplos naturais:

As caraterísticas da anomalia de gravidade Bougeur na área de estudo mostram fortes anomalias no SW e fracas anomalias no NE (Fig.12). Existem duas elevações nas anomalias de gravidade Bougeur correspondentes ao limite sul da área de trabalho, uma das quais é relativamente forte. A anomalia mais forte encontra-se na parte mais a sul da zona de trabalho. Os valores das anomalias são inferiores aos da cintura de anomalias fracas do norte, formando vários baixos de gravidade locais (Fig. 12).

Existem anomalias negativas no N e NE da zona de trabalho. Várias anomalias positivas locais ocorrem sobre anomalias relativamente altas em direção ao sul do lençol salino de Garmsar, que se relacionam com a convergência de uma série de rochas vulcânicas com tendência para SW. Anomalias relativamente baixas na ponta aberta do lençol salino e uma vasta anomalia a leste do lençol salino e a norte da cidade de Garmsar indicam uma zona de anomalias negativas (Fig.12).

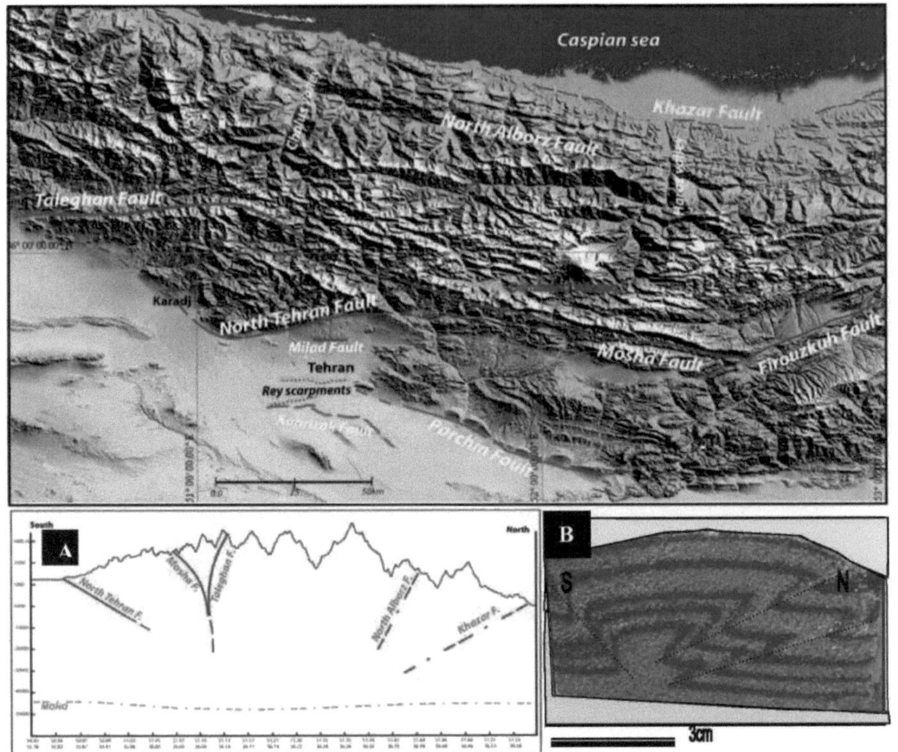

Fig.16. Mapa de falhas do Alborz central (segundo Nazari et al., 2007). (A) Secção transversal da parte ocidental da cordilheira de Alborz; o padrão de falhas é comparável ao apresentado na secção do modelo análogo (B).

As caraterísticas das anomalias são altas a SW, baixas a NE e ligeiramente elevadas a norte do mapa, e o corpo principal das anomalias negativas situa-se a norte e a este da área de trabalho, ou seja, a parte norte está afundada enquanto os lados sul se elevam assimetricamente. Isto representa basicamente o contorno do lençol de sal da área de trabalho.

Na área de estudo, as anomalias magnéticas estão divididas em três zonas, estas últimas com tendências E, SW e S, respetivamente. Uma anomalia magnética positiva no sul pode ser dividida em 2 subzonas com tendência para sul e oeste. Uma anomalia magnética negativa é apresentada no norte da área de estudo. Uma zona de anomalia magnética fracamente positiva está localizada a SE.

A variação da anomalia magnética é sobretudo um reflexo das rochas ígneas, um reflexo sintético da profundidade e da composição do soterramento. A anomalia negativa no norte da área de trabalho representa uma grande depressão com segmentos sedimentares espessos e os seus bordos tornam-se gradualmente pouco profundos. A distribuição das anomalias ao longo do traçado das estruturas é um reflexo direto da distribuição das rochas ígneas.

Após a extração das anomalias magnéticas residuais (Fig. 13), e a análise dos corpos geológicos que provocam a anomalia magnética, deduzimos que a anomalia magnética residual local com um forte valor positivo é uma resposta de rocha vulcânica.

As estimativas de profundidade utilizando os campos gravitacionais e magnéticos sugerem que o sal na nape salina de Garmsar (Figs. 12 & 13) sugere que o sal extrudiu a partir de uma profundidade de 2000 m. Os círculos azuis na Figura 12 correlacionados com uma linha de diápiros de sal extrudindo nos corpos magnéticos baixos (cores frias) na Figura 12 indicam que o sal da nape salina de Garmsar com a sua força magnética muito baixa tem <2 km de espessura.

Conclusão

- O nosso modelo de caixa de areia à escala mostra que, enquanto a frente de deformação das montanhas de Alborz avançou para SSW nos últimos ~5 M.y, passou por cima de uma camada de sal na bacia de Garmsar. O nosso modelo mostrou que uma pequena dimensão de PDMS foi evidenciada como bacia de sal sob a frente da montanha de Alborz, foi afetada pela compressão da frente da montanha de Alborz, e também a maior parte do sal fluiu em direção a SSW, pelo que foi extrudido sobre a superfície do Grande Kavir como a Napa de Sal de Garmsar.

- Os modelos análogos simulam as falhas inversas e os impulsos observados na cordilheira de Alborz, a norte de Garmsar, incluindo as dobras e falhas com tendência NW-SE no limbo ocidental da chevron de Alborz e com tendência NE-SW no limbo oriental.

- As caraterísticas das anomalias de gravidade na área de estudo mostram fortes anomalias no SW e fracas anomalias no NE. Um corpo notável de anomalias negativas situa-se no N, indicando a parte N afundada enquanto os seus lados S se elevam assimetricamente. Isto representa basicamente o contorno do lençol de sal da área de estudo.

- Na zona de Garmsar, as anomalias magnéticas estão divididas em três zonas, estas últimas com tendências E, SW e S, respetivamente. Uma anomalia magnética positiva no S pode ser dividida em 2 subzonas com tendência para S e W. Uma anomalia magnética negativa é apresentada no N da área de estudo. Uma zona de anomalia magnética fracamente positiva situa-se a SE.

As estimativas de profundidade do algoritmo de deconvolução de Euler aplicado ao campo de gravidade indicam que o sal à superfície subiu a partir de uma profundidade de < 2000 m.

Agradecimentos

Agradecemos à National Iranian Oil Company pelo fornecimento de dados geofísicos e ao Geological Survey of Iran GSI pelo fornecimento de hardware e software, bem como pelo apoio logístico durante a preparação e análise dos dados. Agradecemos também a Hassan Kheirolahi e Arash Sebti (do GSI) pelo processamento dos dados geofísicos.

Agradecemos também aos funcionários do laboratório que nos aconselharam durante a nossa modelação no Departamento de Ciências da Terra da Universidade de Frankfurt. Christopher Talbot, que sempre dedicou tempo a tentar explicar e resolver os nossos problemas por correio eletrónico.

Referências

Alavi, M., 1996. Síntese tectono-estratigráfica e estilo estrutural do sistema montanhoso de Alborz no norte do Irão. Journal of Geodynamics 21, 1-33.

Allen, M.B., Ghassemi, M.R., Shahrabi, M.Qorashi, M., 2003. Acomodação do encurtamento oblíquo cenozóico tardio na cordilheira de Alborz, norte do Irão. Journal of Structural Geology 25, 659672.

Amini, B., Rashid, H., 2005. Mapa geológico de Garmsar à escala 1:100000. Serviço Geológico do Irão, Teerão, Irão.

Berberian, M., Yeats, R.S., 1999. Padrões de rutura histórica de terramotos no planalto iraniano. Boletim da Sociedade Sismológica da América 89, 120-139.

Byerlee, J. D., 1978, Friction of rocks: Pageoph, v. 116, p. 615-626.

Jackson, M.P.A., Cornelius, R.R., Craig, C.H., Gansser, A., Stocklin, J., Talbot, C.J., 1990. Salt Diapirs of the Great Kavir, Central Iran. Sociedade Geológica da América, Boulder 177.

Jackson, J., Priestley, K., Allen, M., Berberian, M., Active tectonics of the South caspian Basin, Geophys. J. Int., 148, 214-245, 2002.

Mandal, N. e Karmakar, S. 1989 Boudinage in homogeneous foliated rocks. *Tectonofísica 170, 151* ***-158***.

Nazari H. Ritz J-F., Salamati R., Solaymani S., Balescu S., Michelot J-L. Ghassemi A., Talebian M., Lamothe M. e Massault M. Análise paleosismológica em Alborz Central, Irão Conferência do 50° aniversário do terramoto em comemoração do terramoto de Gobi-Altay de 1957 (julho-agosto de 2007 - Ulaanbaatar-Mongólia)

Safaei, H., 2001, Elastic diurnal movement of Masses of Tertiary salt extruded in north central Iran. Jornal de Ciências, República Islâmica do Irão. 12, No. 3, 241- 250.

Schleder, Z., Urai, J.L. 2006. Mecanismos de deformação e recristalização em zonas de cisalhamento mylonitic em sal-gema extrusivo Eoceno-Oligoceno naturalmente deformado do planalto de Eyvanekey e Garmsarhills (Irão central). Journal of Structural Geology,1-15.

Talbot, C.J., Aftabi, P., 2004. Geologia e modelos de extrusão de sal em Qom Kuh, no centro do Irão. Journal of the Geological Society 161, 32-334.

Vernant, P., Nilforoushan, F., Chery, J., Bayer, R., Djamour, Y., Masson, F., Nankali, H., Ritz, J.F., Sedighi, M., Tavakoli, F., Deciphering oblique shortening of central Alborz in Iran using geodetic data, Earth and

Planetary Science Letters, *223,* 177-185, 2004b. 6

Weijermars, R. 1997: Principles of Rock Mechanics. Alboran Science Publishing. 359p.

Yassaghi.A., Madanipou.,S., 2008. Influência de uma falha transversal do subsolo nas variações ao longo do traço na geometria de uma falha normal invertida: Estudo de caso da Falha de Mosha, Cordilheira Central de Alborz, Irão. Jornal de Geologia Estrutural 30,1507-1519

Zanchi, A., Berra, F., Mattei, M., Ghassemi, M.R., Sabouri, J., 2006. Tectónica de inversão no centro de Alborz, Irão. Journal of Structural Geology 28, 2023-2037.

Eliminação de resíduos perigosos no Irão: Resultados de um estudo prévio ao local da bacia salina de Garmsar

Eliminação de resíduos perigosos no Irão: Resultados de um estudo prévio ao local da bacia salina de Garmsar

Shahram Baikpour [1] Gernold Zulauf [1] Iraj Abdolahifard [2]

[1] Departamento de Geociências, Goethe Universität, Frankfurt a.M., Alemanha

[2] Department of Geophysics, National Iranian Oil Company (NIOC), Teerão, Irão.

Resumo

A resolução do problema dos resíduos é uma das tarefas centrais da proteção do ambiente. É cada vez mais difícil encontrar locais adequados que sejam aceitáveis para o público. O sal e as formações salinas têm propriedades relevantes para serem utilizadas como depósito para cada tipo de resíduos. As propriedades favoráveis tornam o sal-gema altamente adequado como rocha hospedeira, em particular para resíduos não radioactivos e radioactivos.

Teerão e os seus subúrbios, enquanto estado industrial, necessitam de um reservatório de resíduos. O Grande Kavir, o maior deserto de sal do Irão, com mais de 50 diápiros de sal, rodeia a parte oriental e meridional da província de Teerão. As bacias de Qom e Garmsar são os diápiros de sal mais próximos da província de Teerão, onde existem depósitos adequados para a eliminação de resíduos.

Com base em dados de superfície e subsuperfície, o diápiro salino de Garmsar foi investigado como um caso exemplar da sua adequação como hospedeiro e depósito de vários tipos de resíduos. Os dados utilizados baseiam-se em estudos de campo, interferometria e investigações geofísicas.

Os resultados deste estudo sugerem que o sal em camadas profundas da bacia salina de Garmsar é um local adequado para a deposição de resíduos industriais. O sal-gema das camadas superficiais ou dos domos, por outro lado, não é considerado um candidato adequado para a eliminação de resíduos.

Palavras chave: Garmsar Salt Nappe, eliminação de resíduos perigosos, sal-gema

Introdução

A eliminação de resíduos é cada vez mais importante, não só para os países completamente desenvolvidos, mas também para os países menos desenvolvidos, como o Irão, onde a melhoria da economia, da energia, do ambiente e dos padrões de vida conduzirá a um aumento significativo dos resíduos industriais e artificiais. Por esta razão, é necessária a exploração de reservatórios para a eliminação dos resíduos. As formações salinas são consideradas como potenciais rochas hospedeiras para a eliminação de resíduos, podendo assim ser a resposta aos problemas de eliminação de resíduos no distrito de Teerão. O sal-gema é quase impermeável, não contém muita salmoura e deforma-se viscosamente mesmo a baixas temperaturas da crosta superior. O comportamento viscoso do sal-gema deformado impede a abertura de fissuras naturais e artificiais para onde os líquidos e os gases poderiam migrar e vazar.

Outra vantagem das formações salinas para o armazenamento de resíduos é o facto de as formações não serem afectadas por alterações ambientais. Os depósitos maciços de sal profundo são comuns e generalizados na natureza. O sal tem sido extraído há centenas de anos e o comportamento das aberturas extraídas tem sido estudado e documentado extensivamente (ver, por exemplo, referências em Wallner et al., 2007). No presente documento, avaliamos as rochas salinas da zona de Garmsar para a deposição de resíduos.

Enquadramento geológico

As montanhas de Alborz representam uma cintura orogénica composta por sedimentos neogénicos salinos que sofreram encurtamento e elevação durante o Cenozoico *(Alavi, 1996).* Os sedimentos mais antigos do que o Miocénico não estão expostos em Garmsar (Fig.1). As perfurações de exploração tocaram o topo dos sedimentos do Eocénico. A parte inferior das rochas do Eocénico é constituída por uma sequência variada de arenitos, xistos, margas e vulcânicas. A parte superior é constituída por sal-gema e anidrite/gesso que reflecte a regressão (Fig. 2 A.B). Esta sequência de evaporação continua até ao Oligoceno (Fig. 2A). Nas colinas de Eyvanekey-Garmsar, os evaporitos do Eocénico superior e do Oligocénico inferior não podem ser distinguidos. Estas colinas consistem em grandes corpos diapíricos de sal e gyprock com inclusões de vulcânicas máficas. A maior parte do sal-gema é branca e de grão fino, com uma foliação milonítica sub-horizontal apertada *(Schleder & Urai, 2006).* Camadas finas (<2 m) de sal vermelho, amarelo, castanho ou preto fornecem marcadores de deformação úteis.

A parte superior da sequência oligocénica, a Formação Vermelha Inferior, é constituída por gyprock, xisto arenoso e alguns vulcânicos. Uma sequência semelhante, designada por Formação Vermelha Superior, foi depositada no Miocénico. Entre a Formação Vermelha Inferior e a Formação Vermelha Superior existe uma sequência de calcário, marga, xisto e arenito que é designada por Formação Qom (Fig. 2 A.B). A idade da Formação Qom é do Oligoceno superior ao Mioceno inferior.

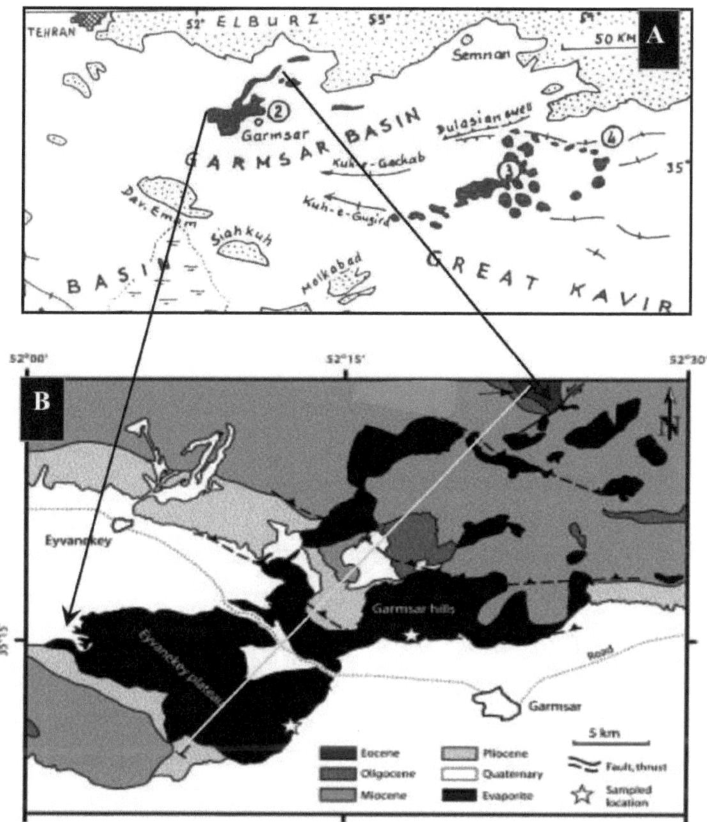

Fig.1. Configuração geológica simplificada das colinas de Garmsar, do planalto de Eyvanekey e arredores. (A) Evaporitos cenozóicos à superfície nas bacias de Garmsar e do Grande Kavir (Jackson et al., 1990). (B) Mapa geológico das colinas de Garmsar e do planalto de Eyvanekey (segundo Amini & Rashid, 2005). A linha amarela indica a secção transversal mostrada na Fig.2.

A superfície atual do Nappe Salino de Garmsar está coberta por vários metros de solos estéreis residuais insolúveis após a dissolução do sal pela chuva *(Talbot, 2004)*. A maior parte destes solos são gipsite verde-claro a castanho-pálido com marga subordinada e marga calcária *(Amini e Rashid, 2005)*. Vários autores *(Jackson et.al 1990)* propuseram que todas as estruturas de sal no Irão central envolvem as mesmas duas sequências de sal: (i) um sal relativamente puro, do Eocénico superior ao Oligocénico inferior (base do Oligocénico inferior, Formação Vermelha Inferior) e (ii) uma sequência salina variegada e impura do Miocénico inferior (Miocénico inferior, Formação Vermelha Superior).

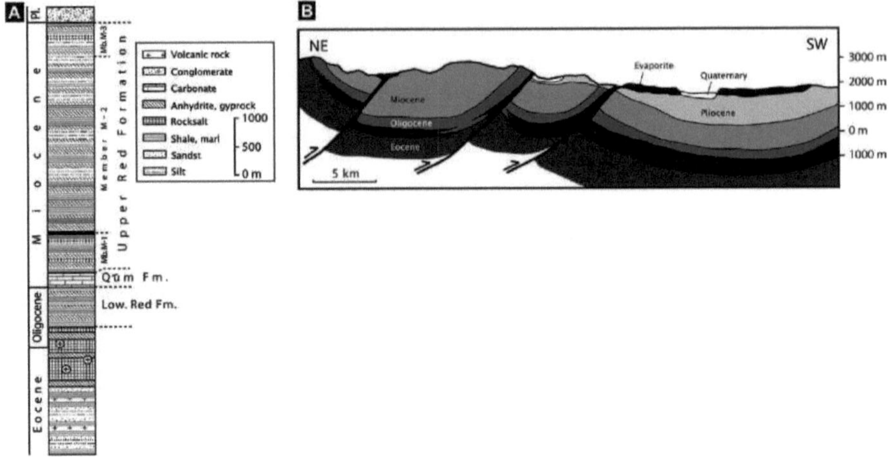

Fig. 2. (A) Estratigrafia das rochas da bacia de Garmsar (segundo Jackson et al., 1990). O sal-gema do Eocénico ao Oligocénico é a principal fonte para as extrusões das colinas de Garmsar e do planalto de Eyvanekey. (B) Secção transversal através das colinas de Garmsar e do planalto de Eyvanekey (modificado de Amini e Rashid, 2005). Para a localização da secção transversal, ver Fig. 1.B.

Requisitos e critérios para um depósito de resíduos

A criação de um depósito de resíduos é uma estrutura de engenharia que exige uma cooperação interdisciplinar. São necessários estudos geocientíficos e técnicos para elaborar um conceito em que o local, o modo de deposição, as propriedades da rocha hospedeira e a situação geológica sejam coordenados de forma a que existam barreiras naturais e artificiais para proteger o homem e o ambiente.

Os factores que determinam se um reservatório ou uma caverna salina podem ou não funcionar como uma instalação de armazenamento adequada são tanto geológicos como geográficos. A primeira seleção do local é feita com base em mapas geológicos, estudos de campo e uma avaliação do material de arquivo, em particular sísmico e outros geofísicos.

Geograficamente, os locais potenciais devem estar relativamente próximos das regiões de consumo ou da indústria. Devem também estar próximos de infra-estruturas de transporte, incluindo condutas principais e troncos e sistemas de distribuição.

Além disso, devem ser feitas recomendações para estudos geocientíficos do local com base nos dados disponíveis. Na investigação seguinte do local, todos os parâmetros relevantes para o projeto devem ser avaliados para a avaliação final da viabilidade técnica e da segurança a longo prazo do depósito. A primeira tarefa do estudo do local é definir a situação atual:

Determinação dos tipos de rocha, estratigrafia, estrutura, sistemas de fissuras e falhas através de estudos de campo e geofísicos. Os estudos estruturais centrar-se-ão na estabilidade e deformabilidade do depósito. Os dados sísmicos serão utilizados para determinar o edifício estrutural a níveis estruturais mais profundos, bem como a atividade sísmica regional. As investigações hidrogeológicas ajudarão a determinar o tipo e a natureza dos aquíferos em diferentes níveis estruturais. De particular interesse são as actividades mineiras, como a extração de enxofre, a extração de sal, a redução de salmoura, a atividade petrolífera e de gás e qualquer outra atividade que possa afetar negativamente ou ser afetada pela eliminação de resíduos numa caverna salina.

Resultados

Deformação da superfície e padrão de subsidência relacionados com a extração de água

Os interferogramas foram utilizados para registar a deformação incremental do solo entre as datas de aquisição. É possível produzir uma série temporal do deslocamento total da superfície no LOS entre a hora de início e cada data de aquisição. Uma vez que existem tantos interferogramas linearmente independentes como datas de aquisição numa cadeia ininterrupta *(Baikpour et al., 2010)*, é possível utilizar uma inversão de mínimos quadrados para mapear/obter a deformação da superfície para cada período abrangido pelos dados *(Biggs e Wright, 2004; Berardino, 2002)*. O mapa e os gráficos resultantes da velocidade média de deslocação (Fig. 3) indicam que a superfície do planalto de Eyvanekey e das planícies agrícolas circundantes diminuiu continuamente de 2003 a 2006. Estima-se que a taxa máxima de deformação da superfície tenha sido de cerca de 20 mm/ano nas terras agrícolas e de 5 mm/ano no centro do lençol de sal alóctone *(Baikpour et al., 2010)*.

Estão presentes quase 503 poços na parte ocidental e 181 poços na parte oriental da zona-alvo. Perto de Garmsar, a leste e a oeste do planalto, existe uma correlação entre o número de poços e a quantidade de subsidência (Fig. 3), o que sugere que a subsidência da superfície é mais intensa quando o lençol freático é significativamente rebaixado pela extração de água? Os poços que se agrupam em zonas de subsidência máxima parecem estar a explorar excessivamente as águas subterrâneas. Os poços situados em zonas com menor subsidência podem ser alimentados de forma mais eficiente pela água que escorre da cordilheira de Alborz.

Atribuímos o aumento da subsidência ao amolecimento do sal-gema, controlado por fluidos, através do aumento das taxas de dissolução/reprecipitação no inverno, quando o sal está húmido. O caso oposto é dado no verão, quando o sal está seco e, portanto, muito mais forte.

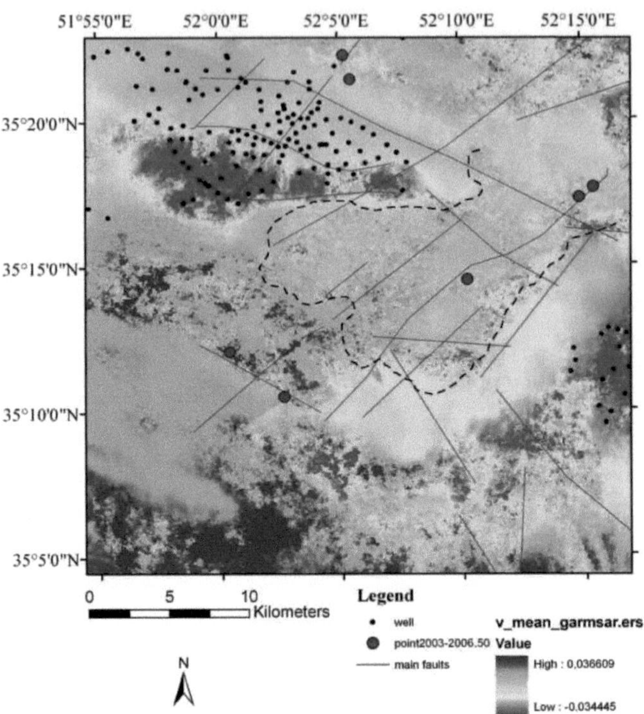

Fig.3. Mapa da velocidade média de deslocação para o período de 2 de dezembro de 2003 a 14 de junho de 2005. Os dados da velocidade foram calculados utilizando o software MATLAB. Os círculos preenchidos a azul indicam epicentros de sismos com magnitude (mb= 2 e 3) de 2003-2006 (do catálogo IIEES). A linha a tracejado mostra o contorno do sal exposto à superfície. A escala da barra de velocidade está em m/ano.

Propriedades estruturais e evolução relacionadas com a colocação do domo de sal

A medição e o registo da orientação das estruturas planares e lineares foi uma tarefa importante durante a atividade de campo. A atitude espacial dos leitos e de outros tecidos planares e lineares é recolhida na área de estudo, a fim de compreender completamente todas as estruturas geológicas (ou seja, dobras e fracturas) e as análises das estruturas geológicas ajudam a interpretar as condições de deformação da rocha salina na área de estudo.

Foram medidos os elementos estruturais (leitos, eixos de dobras, juntas, falhas e fracturas) em 48 afloramentos (Fig. 4). As falhas na área de estudo são provavelmente falhas cegas que estão cobertas por sedimentos.

Diferentes parâmetros e elementos estruturais estão relacionados com a Bacia de Garmsar e controlam a extrusão de sal e o fluxo de sal. No presente estudo, serão apresentadas várias caraterísticas estruturais relacionadas com a Bacia Salina de Garmsar.

A maior parte dos lineamentos em imagens de satélite da Nappe Salina de Garmsar são interpretados como traços superficiais de falhas. Epicentros de sete pequenos terramotos (ML=2 e 3; Tabela 1) ocorrem ao longo de algumas destas falhas e indicam que estas últimas estão activas. Todos estes pequenos abalos foram registados por apenas 3 ou 4 instrumentos, por isso não há soluções cinemáticas disponíveis. A maioria dos epicentros mostrados estão localizados com uma exatidão de ~ ±5 km e a maior parte situava-se a profundidades próximas de 14±7 km.

A maior parte dos lineamentos são rectos e estendem-se para sul da falha de Garmsar, mas fazem uma curva conspícua em torno do canto SE da Napa Salina de Garmsar, sugerindo que o movimento da falha parou na base da camada de sal.

Data	Lat.	Lon.	Profundidade	Mag.	Ref.	Região
2003/09/06	35.02	52.17	15	Mb: 2.9	IIEES	S de Garmsar
2003/10/13	35.07	52.15	18	Mb: 3,5	IIEES	Garmsar
2004/10/17	35.10	52.19	14	ML: 3.2	IIEES	Garmsar
2005/02/06	35.15	52.23	14	ML: 2,7	IIEES	Garmsar
2005/02/08	35.14	52.10	14	ML: 2.2	IIEES	W de Garmsar
2005/02/08	35.17	52.14	14	ML: 2	IIEES	Garmsar
2005/03/02	35.16	52.17	14	ML: 2.1	IIEES	Garmsar
2005/04/24	35.17	52.15	34	ML: 2.2	IIEES	Garmsar
2006/05/08	35.21	52.05	14	ML: 2,7	IIEES	NW de Garmsar
2006/07/23	35.21	52.23	14	ML: 2,6	IIEES	N de Garmsar
2006/11/18	35.10	52.02	15	ML: 3	IIEES	W de Garmsar

Tabela 1: Dados de sismos observados pelo Instituto Internacional de Engenharia Sísmica e Sismologia (IIEES).

Como o maior dos terramotos (na nappe salina) foi ML ~2.2, os raios das superfícies que sofreram deslizamento sísmico podem ter sido cerca de 10^4 vezes o deslocamento ao longo delas *(Slunga,1991)*. O maior deslocamento ao longo de prováveis traços de falha na área de estudo é de ~16 mm. Isto implica que as superfícies de deslizamento tinham raios próximos de 160 m perto dos hipocentros a profundidades de 14 e 18 km. No entanto, os lineamentos na área têm entre 1 e 32 km de comprimento (Fig. 3). Esta disparidade implica que uma grande proporção dos movimentos de falha observados nos dados InSAR deve ser assísmica. Outras linhas de evidência que indicam deslizamento assísmico na área são: (i) as taxas lentas a que as perturbações sísmicas parecem propagar-se, e (ii) os deslocamentos que variam em magnitude ao longo de um ou ambos os lados de muitas falhas, como se blocos adjacentes estivessem a dobrar.

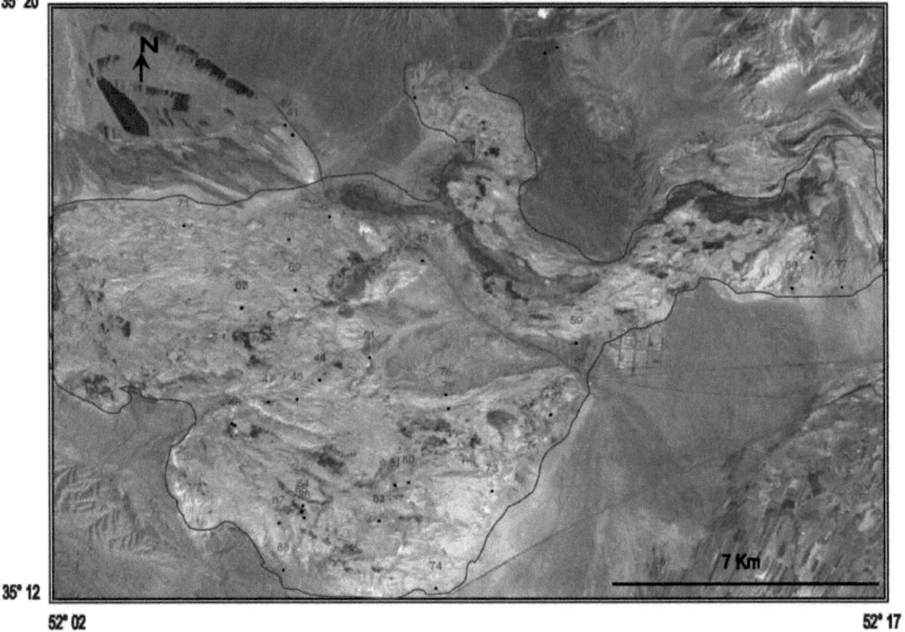

Fig.4. Mapa com as localidades onde foram efectuadas as medições dos elementos estruturais. As coordenadas das estações foram registadas em GPS e depois plotadas em imagens landsat georreferenciadas.

Os interferogramas revelam que, em vez da iniciação de novas falhas, as falhas pré-existentes mais antigas são frequentemente reactivadas. O movimento repetido ao longo de falhas pré-existentes com vários meses de antecedência ou de atraso de 10 pequenos (ML<3.5) terramotos aponta para uma componente muito maior de tensão dúctil do que os 50 a 100% da deformação total sendo sísmica sugerida como típica do Alborz por Jackson e McKenzie *(1988)* ou os 30100% sugeridos por Masson et al. *(2005)*. Esta suposição é reforçada por dois terramotos (ML= 2) com epicentros situados a ~8 km de distância movendo-se dentro de 220 minutos um do outro. Qualquer perturbação comunicante entre estes choques viajou a ~36 m/min ou 60 cm/s, muito lento comparado com fracturas frágeis que se espera que se propaguem a km/segundo. Da mesma forma, os comprimentos das falhas que se moveram em várias épocas são muito maiores do que o esperado de terramotos tão pequenos.

As juntas e as fracturas são elementos estruturais importantes que foram investigados na área de estudo. Tal como todas as extrusões de sal subaéreas no Irão, a Nappe Salina de Garmsar tem uma pele exterior ou carapaça de sal quebradiço e fraturado, geralmente coberta por solo residual. Esta carapaça dilatada é fraca, escorregadia e dúctil quando húmida, mas frágil e elástica quando seca. As fracturas documentadas sistematicamente ao longo deste manto de sal distinguem-se em vários tipos com base nas suas orientações e origens inferidas.

Em quase todos os afloramentos de sal, ocorrem até três conjuntos ortogonais de juntas dilacionais paralelas e perpendiculares à anisotropia mecânica local, esta última resultante da estratificação composicional e/ou do tecido granulométrico do sal. Na maioria dos casos, os eixos longos dos grãos são paralelos à estratificação composicional. Nas articulações de dobras, onde os fortes tecidos de forma de grão estão em ângulos elevados em relação à camada de composição, estas juntas relacionadas com a anisotropia são simétricas em relação às componentes planas e lineares do tecido de forma de grão. As aberturas variam de milímetros a decímetros. Algumas estão preenchidas com halite reprecipitada, enquanto outras foram alargadas por dissolução e estão preenchidas com solo. Algumas juntas iniciais, mineralizadas com sal, são íngremes porque se formaram perpendicularmente à estratificação composicional subhorizontal.

Outro sistema de fracturação consiste em juntas relacionadas com o relevo *(Talbot, 1998).* Estas relacionam-se com superfícies livres recentes do sal e não são tão comuns como as juntas relacionadas com a anisotropia. Embora a maior parte das juntas relacionadas com o relevo estejam agora abertas, os restos de sal sobrevivem localmente nalgumas delas. As juntas relacionadas com o relevo ocorrem em três conjuntos que mudam de orientação em torno da montanha. Em alguns locais, as fracturas de dilatação vertical bissectam duas fracturas de cisalhamento conjugadas com golpes concêntricos partilhados e mergulhos opostos de 45°. Mais habitualmente, um único conjunto de juntas planares mergulha 45° radialmente para fora da cúpula, paralelamente a um declive anteriormente simples, agora marcado pela dissolução.

Em algumas partes estão presentes sistemas de juntas poligonais que são atribuídos a tensões térmicas diurnas e sazonais. Algumas das fracturas íngremes não são compatíveis com os padrões de fracturação concêntricos ou radiais. Algumas destas juntas mestras continuam sobre a superfície durante centenas de metros.

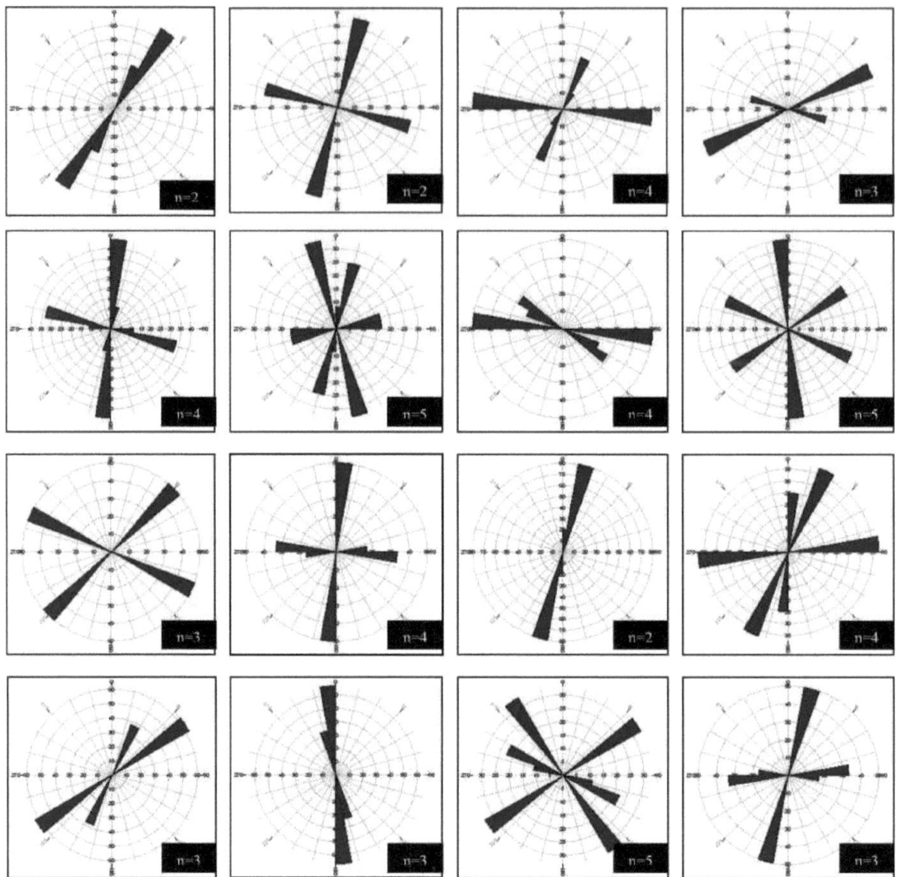

Fig.5. Diagramas de rosa das orientações das articulações em cada estação. Salvo indicação em contrário, cada diagrama de rosa consiste em dados de todos os leitos de uma estação individual. Estes são representados numa imagem Landsat na figura 6. A orientação das articulações predominantes, tal como se mostra em cada diagrama, é quase na direção N-S. (n) é o número de juntas obtidas no trabalho de campo.

Os seis conjuntos de juntas mestras são interpretados como consistindo em dois conjuntos de cisalhamentos conjugados íngremes bissectados por fracturas verticais de dilatação N-S (Fig. 5 & 6) e outro par de cisalhamentos conjugados íngremes é bissectado por fracturas verticais de dilatação E-W. A geometria dos que são mostrados na Fig. 6 sugere que são devidos ao encurtamento N-S regional. Estas podem registar trocas temporárias nos eixos de tensão regionais (σ_i para σ_3) que podem conduzir a um deslizamento ao longo das falhas regionais. As juntas e as fracturas apoiam a permeabilidade nos reservatórios e, por conseguinte, têm impacto na produtividade e na eficiência da recuperação nessas áreas.

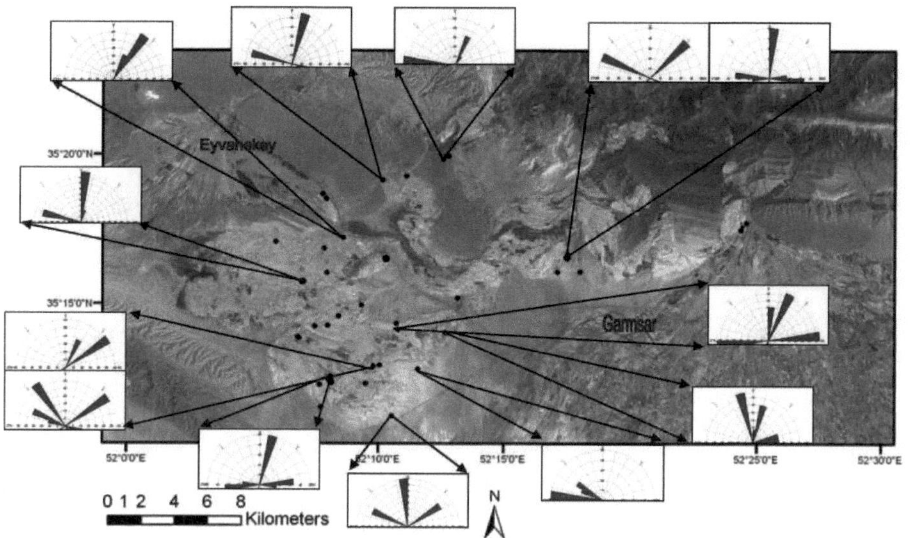

Fig.6. Distribuição da orientação das juntas e fracturas no nappe salino de Garmsar e arredores. As juntas são sub-verticais na maioria dos casos

Anomalias de gravidade

O mapa de gravidade Bouguer mostra anomalias fortes no SW e anomalias fracas no NE (Fig.7). Existem duas elevações nas anomalias de gravidade Bouguer correspondentes ao limite sul da área de estudo, uma das quais é relativamente forte. A anomalia mais forte encontra-se no extremo S da área de estudo. Os valores das anomalias são inferiores aos da cintura de anomalias fracas a norte (Fig. 7).

Existem anomalias negativas no N e NE da área de estudo. Várias anomalias positivas locais ocorrem sobre anomalias relativamente altas em direção ao S da camada de sal de Garmsar, que estão relacionadas com a convergência de uma série de rochas vulcânicas com tendência para SW. Anomalias relativamente baixas na ponta aberta do manto de sal e uma vasta anomalia a E do manto de sal e a N da cidade de Garmsar indicam uma zona de anomalias negativas (Fig. 7).

The Map of Bouguer Gravity Anomaly

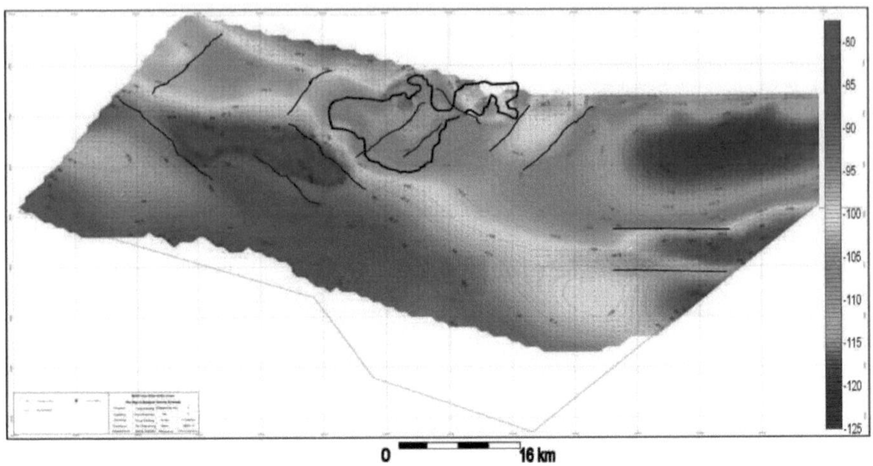

Fig.7. Mapa de anomalias de gravidade Bouguer. As linhas pretas estreitas mostram a direção das falhas extraídas e a linha preta mais grossa mostra o contorno do sal exposto à superfície. A escala da barra de velocidade está em mGal e o intervalo de contorno é de 2,5 mGal. (Fonte: NIOC)

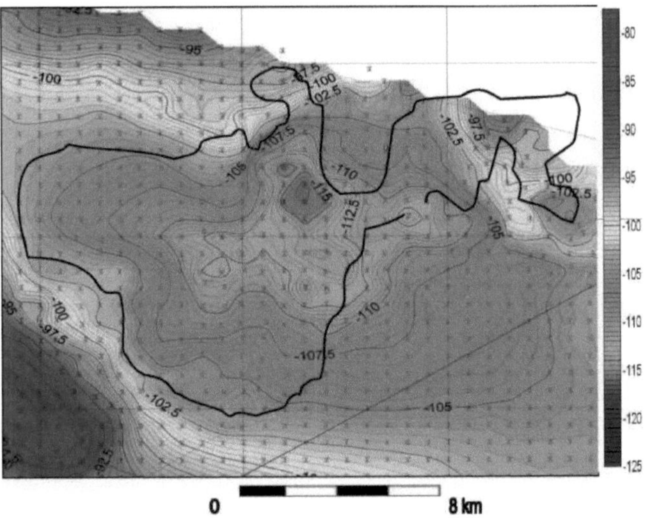

Fig.8. Mapa de anomalias gravitacionais Bouguer do nappe salino. A linha mais profunda aqui é -116 mGal que mostra a anomalia mais baixa no sal de Garmsar (linha preta), que pode corresponder a um tronco de sal dentro da cúpula de sal de Garmsar.

Cave e falhas

A determinação das falhas baseia-se nas anomalias de gravidade Bouguer, nas anomalias magnéticas e nos gráficos processados com base nos dados acima referidos, tais como a anomalia de gravidade de gradiente total de nível, a imagem mapa de anomalia de gravidade e magnética e a geologia e afloramentos regionais. De acordo com os critérios de identificação de falhas com métodos gravimétricos e magnéticos, e integrando dados sísmicos e geológicos, identificámos totalmente várias falhas (Figs. 7 e 8), que podem ser divididas em (i) falhas mestras de tendência N-S, e (ii) dois grupos de falhas de tendência NW e NE.

De acordo com a anomalia da gravidade Bouguer, a redução da anomalia Bouguer em direção a NNE (Fig.7) indica uma cobertura sedimentar mais espessa no topo do subsolo de Garmsar (Fig.8). A inversão gravitacional da profundidade de soterramento do subsolo (Fig. 7) indica que a profundidade de elevação do subsolo no meio da área de estudo é de cerca de 2000 - 5000 m, o que divide o subsolo em duas sub-depressões. A maior profundidade enterrada da sub-depressão de Garmsar no S é >5000 m.

A cronologia das falhas na área de estudo está apenas mal definida. No entanto, a maioria das falhas deve ter estado ativa após o Eoceno e foi repetidamente reactivada em épocas posteriores.

Secções sísmicas

Uma vez que não existem dados de poços, as camadas estratigráficas da área de estudo (Formações Vermelha Inferior, Qom e Vermelha Superior) são apenas fracamente limitadas por dados sísmicos. Os dados sísmicos foram recolhidos por contratantes chineses dentro da National Iranian Oil Company na parte sul da Garmsar Salt Nappe (Fig. 9). Existem dados sísmicos 2D e 3D. No presente documento, consideramos apenas as secções sísmicas 2D.

A nossa interpretação revela uma série de falhas de tendência NE-SW, NW-SE e E-W, a maioria das quais mergulham para SW, exceto as falhas de tendência NE-SW. As falhas inversas de tendência NE-SW são bem conhecidas na Bacia Central do Irão, bem como na Cordilheira de Alborz. As falhas dextral e sinistral de deslizamento com tendência NW ou NE são consistentes com as falhas apresentadas no mapa geológico e com os lineamentos derivados de outros estudos.

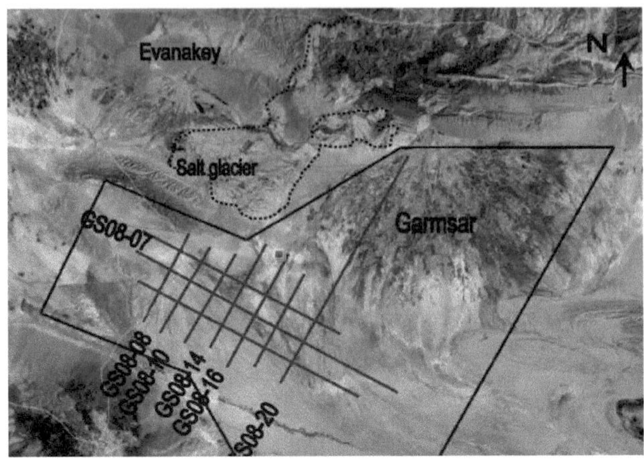

Fig.9. Linhas sísmicas de tendência NE-SW e NW-SE registadas pela National Iranian Oil Company (NIOC) na parte sul da extrusão de sal de Garmsar.

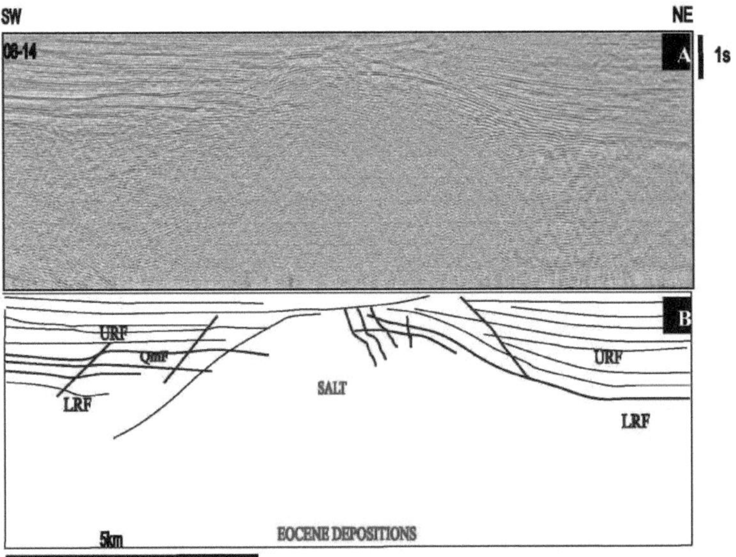

Fig.10. (A) Perfil sísmico e (B) desenho de linhas mostrando um conjunto de falhas íngremes na crista e à volta do anticlinal do domo salino. A sobreposição de reflectores, especialmente no flanco ocidental, e o afinamento das camadas acima da crista, indicam o levantamento do sal durante o Terciário.

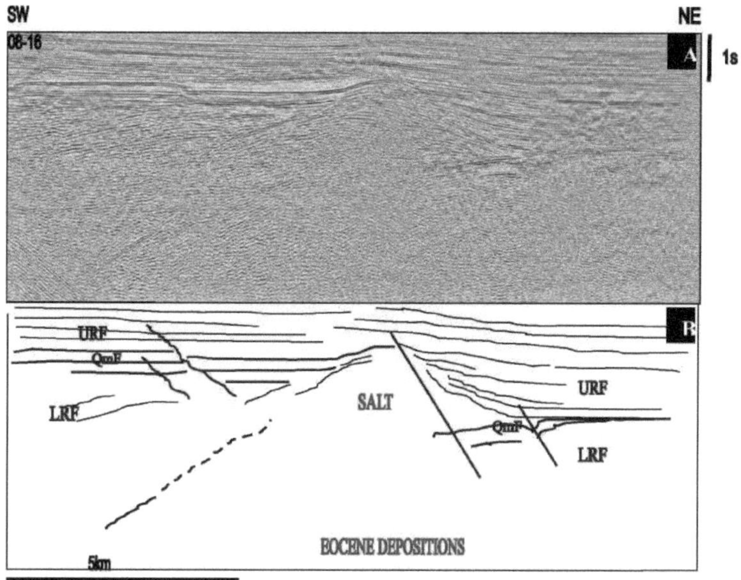

Fig. 11. Perfil sísmico NE-SW (A) e desenho de linha (B) da secção que mostra que o afinamento da URF na parte central da imagem sísmica se deve à extrusão vertical do sal. Os estratos de crescimento LRF (Miocénico) apresentam-se como um anticlinal jovem acima da cúpula salina, que foi posteriormente dobrado.

Discussão

A eliminação de resíduos perigosos e radioactivos em formações geológicas profundas não é atualmente praticada e nunca o foi no caso dos resíduos de alto nível no Irão. É necessário um grande volume de investigação sobre segurança e aspectos radiológicos, migração e interações químicas.

Devem ser encontrados locais de eliminação compatíveis com o ambiente para evitar e reduzir a produção de resíduos perigosos. Um local de eliminação adequado não depende apenas das rochas hospedeiras, mas sim dos contextos geológicos integrais que proporcionam o potencial de isolamento necessário. O processo de seleção deve antes permitir a identificação de contextos geológicos integrais com condições favoráveis para a eliminação final dos resíduos radioactivos (Fig.13).

Na bacia salina de Garmsar, a eliminação geológica em profundidade constitui a solução lógica para os resíduos em relação aos locais próximos da superfície. Antes da seleção de áreas com condições favoráveis para a eliminação, as áreas com condições obviamente desfavoráveis devem ser excluídas por critérios. Com base nestes critérios, não deve ser observada uma elevação/subsidência de vários milímetros por ano e nenhuma atividade sísmica durante o tempo de isolamento necessário. Com base na nossa investigação aplicada no planalto de Garmsar e Eyvanekey, este último pode ter sido influenciado e deslocado cerca de 9 km ao longo da falha dextral Zirab-Garmsar. Interpretamos que muitos dos lineamentos da nappe salina de Garmsar tiveram origem em falhas de pequena escala. Os epicentros de sete pequenos sismos (ML=2 e 3) na região alinham-se ao longo de algumas destas falhas e indicam que ainda estão activas.

Por outro lado, o mapa e os gráficos da velocidade média de deslocação indicam que a superfície do planalto de Eyvanekey e as terras baixas agrícolas circundantes diminuíram continuamente de 2003 a 2006.

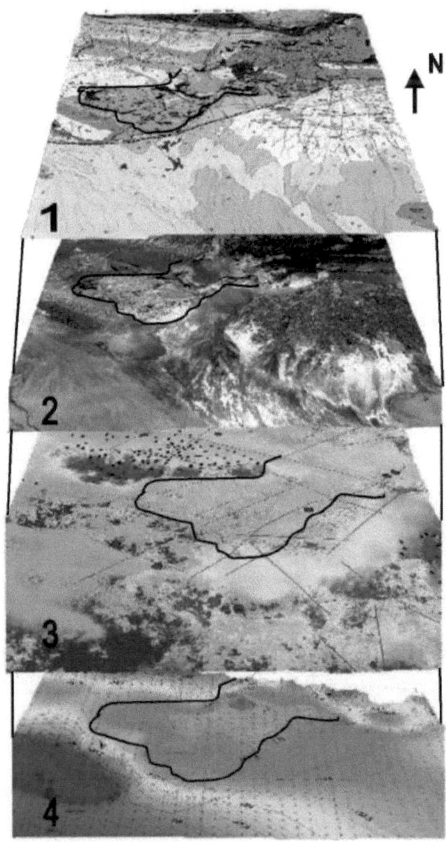

Fig.12. Sequência de mapas sobrepostos da área alvo mostrando os resultados dos estudos de superfície e subsuperfície.

A linha escura mostra o contorno do sal exposto à superfície. (1) Mapa geológico, (2) Imagem Landsat, (3) Mapa da velocidade média de deslocação, (4) Mapa da anomalia da gravidade Bouguer.

O nappe salino de Garmsar é um lençol superficial de sal alóctone com cerca de 400 m de espessura. Os resultados do InSAR implicam que o sal se está a dissolver a cerca de 5 mm/ano com a precipitação atual. Assim, a baixa pluviosidade atual é suscetível de dissolver uma camada de sal de 400 m de espessura em cerca de 80 000 anos. Os resíduos radioactivos e os resíduos tóxicos mantêm-se desagradáveis durante pelo menos 100 000 anos, se não mesmo 1 milhão de anos, pelo que qualquer resíduo depositado no planalto será provavelmente exposto antes de ter atingido níveis aceitáveis de radiação. Consequentemente, os locais próximos da superfície não poderão obviamente satisfazer as condições e critérios favoráveis para a eliminação de resíduos de alto nível (Fig. 12 e 13).

A atual base de dados da bacia salina de Garmsar sugere que os resíduos quimiotóxicos e radiotóxicos podem ser eliminados de forma segura e permanente nas camadas salinas profundas. Os aspectos positivos que poderiam tornar as camadas salinas profundas da bacia de Garmsar um local favorável para a eliminação de resíduos são

- Nenhum ou apenas um movimento lento das águas subterrâneas ao nível do depósito.
- Baixa tendência para construir novos caminhos nas camadas de sal.
- Situação que permite uma boa caraterização espacial da formação salina.
- Situação que permite uma previsão fiável da estabilidade a longo prazo das condições favoráveis da formação de rochas salinas.
- Boa compatibilidade das camadas de sal com as mudanças de temperatura.

Alguns cenários geocientíficos foram identificados como aspectos negativos nas zonas de depósito em profundidade:

- Acontecimentos geológicos ou tectónicos, por exemplo, actividades sísmicas em zonas sísmicas.
- Zonas de perturbação ativa.
- Tratamentos geofísicos de falhas no subsolo.
- Riscos para a vida humana e problemas ambientais.

As inclusões intracristalinas e as bolsas intercristalinas no sal-gema não perturbado contêm salmouras saturadas, cada uma com uma composição química diferente, uma razão isotópica única e uma pressão distinta e específica. Estas ocorrências discretas de salmoura constituem uma prova convincente da estanquicidade do sal: o pouco fluido de formação que contém não foi homogeneizado por forças internas ou externas e, por conseguinte, permaneceu isolado durante dezenas a centenas de milhões de anos (Stein e Krumhansl, 1984).

As distinções entre as categorias de resíduos de fraco, médio e elevado nível de atividade não são claras e consistentes a nível internacional. Os sistemas de classificação podem basear-se na semi-vida, atividade, origem ou fonte, grau de isolamento necessário, etc. Em geral, os resíduos de fraco nível de atividade contêm radionuclídeos com actividades baixas e semi-vidas curtas e não geram calor significativo.

Os resíduos intermédios podem conter radionuclídeos com actividades baixas a intermédias e semi-vidas curtas a longas, gerando um calor nulo ou insignificante. Os resíduos de alto nível contêm radionuclídeos com actividades elevadas, semi-vidas longas ou curtas ou ambas, e geram calor significativo.

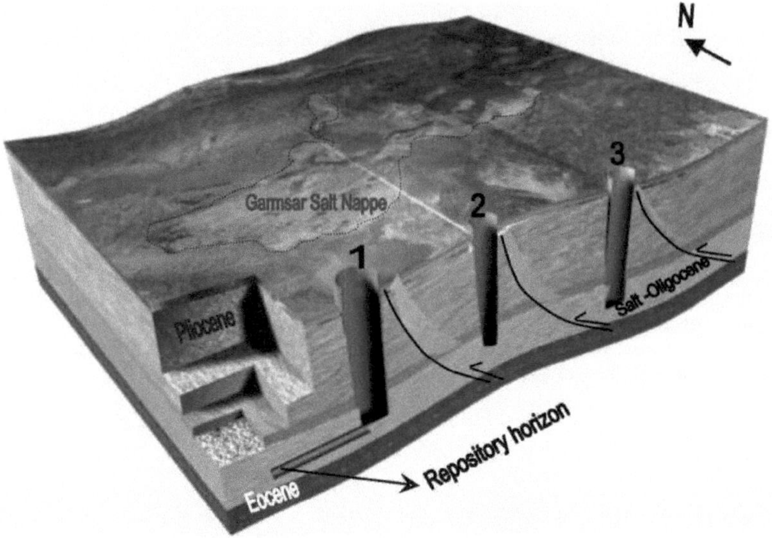

Fig.13. Um modelo 3D através das colinas de Garmsar e do planalto de Eyvanekey. O sal subterrâneo de cor branca foi estudado como um depósito adequado para todo o tipo de resíduos; os poços atingem o sal subterrâneo a uma profundidade de 2000 m abaixo da superfície. A linha tracejada estreita mostra o contorno do sal exposto.

As caraterísticas das formações salinas hospedeiras dominam o desenho da configuração das cavernas. Assim, as cavernas curtas e robustas estão geralmente localizadas em salinas acamadas, enquanto as cavernas altas e delgadas estão frequentemente localizadas em domos de sal ou anticlinais. As cavernas horizontais "encaixam" melhor nas formações salinas acamadas do que as verticais (Fig. 13), e o sal acamado pode estar disponível onde os domos não são dominantes.

Os poços de injeção podem ser utilizados no leito profundo do sal de Garmsar (Fig. 13) para todos os tipos de resíduos acima referidos, incluindo a eliminação de resíduos industriais e municipais, a extração de urânio e enxofre em solução e todos os tipos de resíduos de alto nível.

As formações salinas com leito ocorrem em camadas intercaladas com materiais sedimentares como anidrite, xisto, dolomite e outros sais mais solúveis (por exemplo, cloreto de potássio). Estes materiais têm diferentes graus de permeabilidade, mas todos são geralmente baixos (Freeze e Cherry 1979). Os depósitos de sal em camadas são tabulares e podem conter quantidades significativas de impurezas.

Os efeitos das intrusões basálticas nas formações salinas em camadas são consideráveis na bacia salina profunda de Garmsar. Devem ser estudadas as interações mecânicas e físico-químicas entre o magma vulcânico como fonte de calor e os fluidos correspondentes com o sal-gema, bem como a extensão destes processos.

Devido à complexidade da análise dos dados relacionados com o armazenamento de resíduos perigosos, o nosso conhecimento é ainda incompleto. Centrando-se nas propriedades petrofísicas das rochas salinas, é necessário o seguinte trabalho.

Os métodos geofísicos (electromagnéticos, georadar, geoeléctricos, sísmicos e sonares) são necessários para avaliar a segurança e a estabilidade das barreiras geológicas nas minas de sal. A presença de água na rocha salina pode afetar a estabilidade da mina e a eficácia da rocha salina como barreira geológica. Assim, a informação sobre essas zonas deve ser incluída na avaliação do local. A fiabilidade da informação é aumentada pela utilização de mais do que um método.

O comportamento termomecânico (comportamento de fluência e fratura) dos vários tipos de rochas salinas naturais, especialmente de evaporitos como a anidrite e a carnalite, deve também ser investigado mais pormenorizadamente, tendo em conta os efeitos a longo prazo.

Conclusões

O processo de seleção de potenciais rochas hospedeiras para depósitos de resíduos perigosos em formações geológicas profundas na bacia salina de Garmsar baseou-se em critérios de exclusão geocientífica internacionalmente reconhecidos e em requisitos mínimos, bem como noutros critérios considerados de um ponto de vista geocientífico.

Os critérios de exclusão com antecedentes sociais serão aplicados às zonas com contextos geológicos integrais favoráveis. As zonas que não satisfazem estes critérios também são excluídas do procedimento, como mostra a Fig. 13, as camadas salinas próximas da superfície não cumprem os requisitos mínimos e é impossível eliminar de forma segura e permanente os resíduos químicos e industriais nas rochas hospedeiras próximas da superfície.

As restantes possibilidades, como os depósitos geológicos profundos, implicam contextos geológicos integrais favoráveis e não estão excluídas do planeamento por razões jurídicas ou socioeconómicas. Nas etapas seguintes, são identificadas as regiões dentro das áreas restantes. Para tal, é necessário desenvolver novamente um conjunto abrangente de critérios geocientíficos e sociocientíficos. A importância dos critérios geocientíficos e sociocientíficos deve ser avaliada para que se possa efetuar uma classificação das regiões e dos sítios. Nesta fase, as avaliações de segurança têm de ser utilizadas em maior escala, por exemplo, para poder avaliar as incertezas dos dados no que respeita à capacidade de isolamento.

Agradecimentos

Agradecemos à National Iranian Oil Company pelo fornecimento de dados geofísicos e ao Geological Survey of Iran GSI pelo fornecimento de hardware e software, bem como pelo apoio logístico durante a preparação e análise dos dados. Agradecemos também a Gholamreza Peyrovian (da NIOC) pela preparação dos dados geofísicos.

Referências

Alavi, M., 1996. Síntese tectono-estratigráfica e estilo estrutural do sistema montanhoso de Alborz no norte do Irão. Journal of Geodynamics 21, 1-33.

Amini, B., Rashid, H., 2005. Mapa geológico de Garmsar à escala 1:100000. Serviço Geológico do Irão, Teerão, Irão.

Baikpour, S., Zulauf, G., Dehghani, M. & Bahroudi, A., 2010, InSAR maps and time series observations of surface displacements of rock salt extruded near Garmsar, northern Iran, *Journal of the Geological Society, London,* 167, 171-181.

Berardino, P., Fornaro, G., Lanari, R., e Sansosti, E. (2002). A New Algorithm for Surface Deformation Monitoring Based on Small Baseline Differential SAR Interferograms. *IEEE Trans. On Geoscience and Remote Sensing,* 40: 2375-2383.

Biggs, J., Wright, T. (2004). Criação de uma série temporal de deformação do solo utilizando InSAR. Relatório científico, Departamento de Ciências da Terra, Universidade de Oxford.

Freeze, R.A., e J.A Cherry, 1979, *Groundwater,* Prentice-Hall, Inc., Englewood Cliffs, NJ.

Jackson, J. & Mckenzie, D., 1988, The relationship between plate motions and seismic moment tensors, and the rates of active deformation in the Mediterranean and Middle East, *Geophysical Journal* 93, 45-73.

Jackson, M.P.A., Cornelius, R.R., Craig, C.H., Gansser, A., Stocklin, J., Talbot, C.J., 1990. Salt Diapirs of the Great Kavir, Central Iran. Sociedade Geológica da América, Boulder 177.

Masson, F., Chery, J., Hatzfeld, D., Martinod, J., Vernant, P., Tavakoll, F. & Ghafory-Ashtiani, M. 2005, Seismic versus aseismic deformation in Iran inferred from earthquakes and geodetic data. *Geophysical Journal International,* 160, 217-226.

Schleder, Z., Urai, J.L. 2006. Mecanismos de deformação e recristalização em zonas de cisalhamento mylonitic em sal-gema extrusivo Eoceno-Oligoceno naturalmente deformado do planalto de Eyvanekey e Garmsarhills (Irão central). Journal of Structural Geology,1-15.

Slunga, R.S., 1991: Os terramotos do Escudo Báltico. *Tectonophysics 189,* 323-331.

Stein, C.L., Krumhansl, J.L., 1984. Composições de Salmouras em Halita da Formação Salado Inferior,

Sudeste do Novo México. SAND84e 1252A. Resumos com Programas. Sociedade Geológica da América. 99ª Reunião Anual, Reno.

Talbot, C.J., 1998. Extrusões de sal de Ormuz no Irão. In: Blundell, D.J., Scott, A.C. (Eds.), Lyell;

O Passado é a Chave para o Presente. Geological Society Special Publications, vol. 143, pp. 315e334.

Talbot, C.J., Aftabi, P., 2004. Geologia e modelos de extrusão de sal em Qom Kuh, no centro do Irão. Journal of the Geological Society 161, 32-334.

Wallner, M., Lux, K.-H., Minkley, W. e Hardy, H.R., 2007. O comportamento mecânico do sal. Understanding THMC Processes in Slat. Taylor and Francis Group, Londres, Reino Unido, 453 pp.

Printed by Books on Demand GmbH, Norderstedt / Germany